今日から
モノ知り
シリーズ

トコトンやさしい

IoTの本

山﨑弘郎

身の周りのあらゆるモノがネットにつながるIoT（モノのインターネット）。社会を便利にし、さまざまなビジネスを生み出すことでも注目されています。本書では、そのIoTについて、技術から活用までやさしく解説するとともに、スケジュール駆動からイベント駆動の社会へのパラダイムシフトの中で、IoTが果たす大きな役割を紹介します。

B&Tブックス
日刊工業新聞社

はじめに

新しいＩｏＴ社会への移行、スケジュール駆動からイベント駆動社会へのパラダイム変化の全体像をつかみたいとの思いが、この本を書くことの動機でした。そして、それをわかりやすく専門技術に片寄らずに伝えたいというのが、この本の狙いです。

いま、スケジュール駆動の社会で、いろいろなところにほころびが見えています。

学齢に達したら学校で決められたスケジュールに従って授業を受けることができます。その一方で、受験に備えて塾が増加し教育の姿をゆがめています。

季節というスケジュールと天候に支配される農業では、従業者の減少と高齢化、需要とのミスマッチによる生産品の価格の暴落などによって、生産者が苦しめられています。

誰にでも開かれたネットにスマートフォンやパソコンなどを接続し、スケジュールに関係なく好きな時間に最新の情報にアクセスできる身近な端末に移る人が増え、テレビ離れが目立ちます。

車を所有せず、必要な時刻や場所でスマホやインターネットで予約して車を使用できるカーシェアリングが普及しました。店舗からネットショッピングへの移行、宅急便の増加など、人の意思や状況の変化で起動されるイベント駆動社会に向かって、社会の枠組みが大きく変わる時代にさしかかっていることを示しています。

これらのＩｏＴ社会への変革を、限られた紙面ですが、幅広くやさしく全体像を描き出したいとの強い願いで本書に挑戦しました。

このシリーズの特徴である、わかりやすいかどうか、絵を多用して視覚に訴えることで明日の社会を正しく描き出せたか、については、読者の皆様のご判断を待つよりほかありません。

社会を駆動するインテリジェントセンサ、クラウドに置かれた大容量データベース、深層学習機能を進化させた人工知能（ＡＩ）などが人の意向を読み取って活躍し、インターネットが新しいインフラとなる社会が、すべての人に希望と機会を与え、幸せをもたらすことを心から願っています。

著作に当たり、多くの著作や資料などを参考にさせて頂きました。著者の方々にあらためて感謝いたします。また、本書の実現にあたり、大変お世話になりました日刊工業新聞社の鈴木徹氏をはじめ関係の方々に厚く御礼を申し上げます。

２０１８年８月

山﨑　弘郎

トコトンやさしい

IoTの本

目次

第1章 IoTでは何がどう変わるのか

第2章 IoTネットワークでの役割分担とは

第3章
ビッグデータ処理をどうIoTに活用する

第4章
IoT技術の主役はインテリジェント・センサ

第5章
広域ネットワークの情報技術で重要なこと

第6章
IoTを推進する革新的技術

第7章 IoTでつながるビジネスの実例

第8章 IoT社会の課題

【コラム】

第1章

IoTでは何がどう変わるのか

1 スケジュール駆動からイベント駆動社会へ

決まったスケジュールに合わせて起きる事象を「スケジュール駆動の事象」と言います。一方、個人の意思や社会の需要が動機になる場合は「イベント駆動の事象」と呼びます。社会全体がスケジュール駆動からイベント駆動に変化する大きな流れがあり、パラダイムシフトと言えるでしょう。

学校で教育を受けるのはスケジュールによる行動です。選択の余地はなく、内容もスケジュールに合わせて決まっています。本来の工業生産は、ニーズに応じたイベント駆動であるべきですが、生産効率が優先され、受注予測や販売目標に基づく大量生産がスケジュール駆動で行われてきました。そのため、しばしば品不足や過剰生産が起こりました。しかし、自動車生産では欲求が多様化した顧客とメーカーとの情報ネットワークが構築されて、イベント駆動のオーダーメードに変わりました。カラー、オプションなどの客の要求が工場に流れ、要求に合わせた多様な車が同じコンベア上で作られています。

交通システムでは、鉄道やバスはスケジュール駆動で、自家用車やタクシーはイベント駆動です。スケジュール駆動ではリソースが共有されるので効率が上がりますが、需要が少ない社会では逆に非効率となります。個人の要求によるイベント駆動は利便性は良いがコストが高くつきます。

医療は個人の健康状態で起動されるイベント駆動であるべきです。しかし、医療に携わる医師の専門知識や設備の整備状態の偏在が問題です。

情報関係では放送や新聞とインターネットとの違いです。スケジュール駆動の放送や新聞に対して、誰でも情報を発信し受信できる、双方向でイベント駆動のインターネットが伝達性と速報性とを武器に急激に普及しました。

センサとインターネットによる駆動を特徴とするIoT社会は典型的なイベント駆動社会なのです。

要点BOX

- ●社会全体がイベント駆動に変化する
- ●センサとインターネットによるイベント駆動社会がIoT社会

イベント駆動社会とはどんな社会?

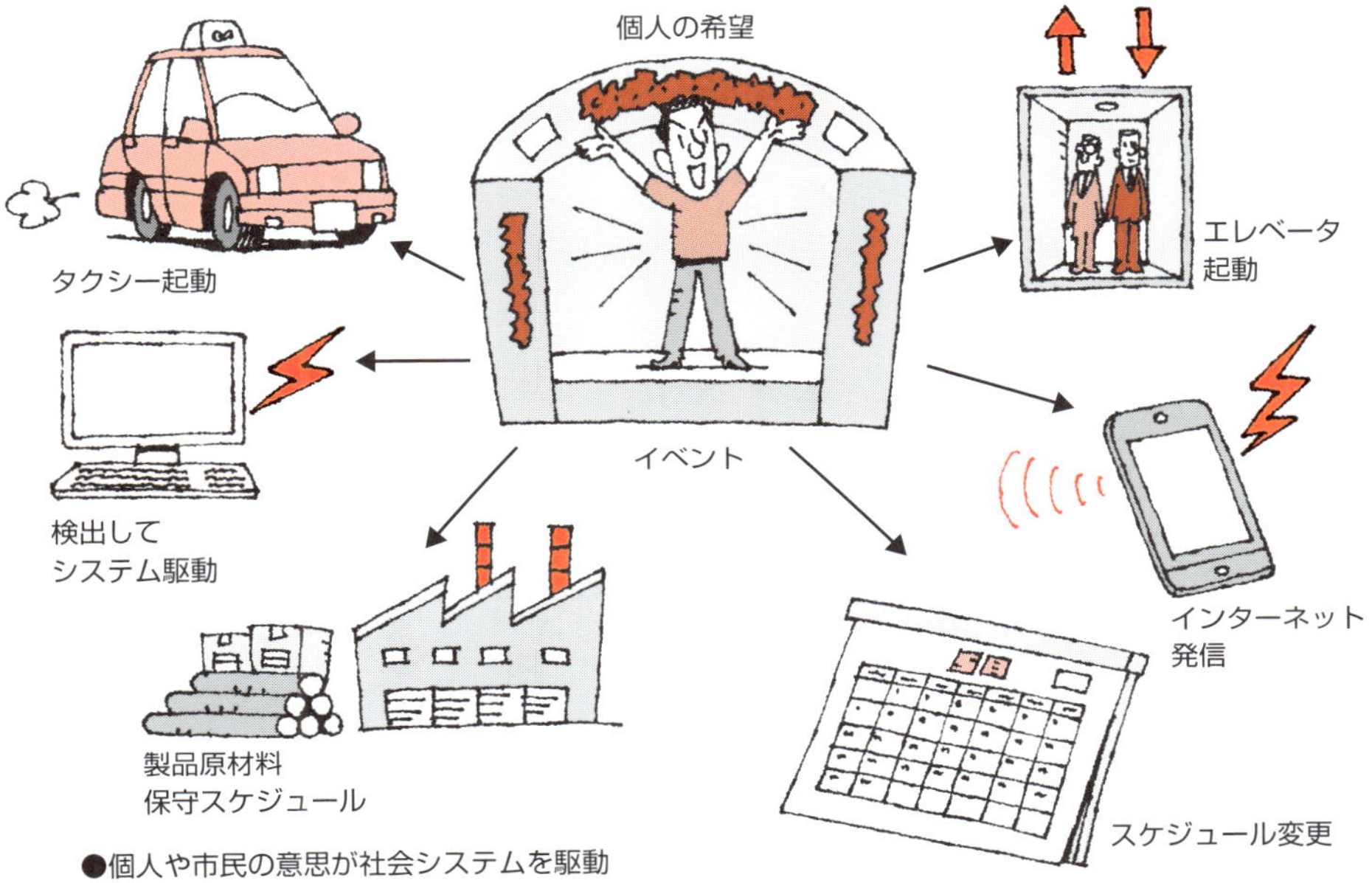

●個人や市民の意思が社会システムを駆動
●個人の意志が律する社会

スケジュール駆動からイベント駆動への社会のパラダイムシフト

個人の学習意欲に合わせた教育

個人の移動の希望により動く交通システム

個人の健康状態の変化に対応できる医療

個人の意見や希望をいつでも発表できる

2 スケジュール支配の問題点

社会の変化に対応できるIoT社会

　動かすことが不可能な土地が生産基盤で、四季の変化に支配される農業は、1年の周期で収穫時期が決まります。その一方で、消費の需要はほぼ一年中存在し、生産と消費の場所が異なり、気候により豊作や不作があります。貯蔵と流通の仕組みが昔からあって、生産と消費のギャップを吸収してきました。吸収しきれないほど豊作になると、過剰な作物が破棄されたり、値段が下がります。不作は、生産者消費者双方にとって深刻な事態です。漁業でも同様な事態が起こります。

　すべての生徒が学ぶ意欲を持っていれば、学校は効率の良い教育の組織ですが、個人の学習意欲と、教育のカリキュラムは一致しません。生徒の関心や興味をひきだすのに大きな努力が必要です。

　スケジュール駆動の交通システムが高齢化人口減少社会で維持が問題になります。JR北海道では、過疎路線の廃止が話題になっています。過疎の高齢化社会では、交通手段の確保が困難です。大都会では、勤務時間が決まっているため、朝夕の通勤ラッシュや車の渋滞が問題です。

　社会のインフラである橋やトンネル、あるいは上下水道などの設備も時間が経てば、劣化します。それらの設備は使用中は劣化の検出や補修が困難なため、一定の時間経過に従い、定期的に補修してきましたが、補修以前に故障や事故が発生することがありました。もし、劣化を検出して適切な補修ができれば、故障や事故の危険や無駄な補修コストを回避できます。

　ここにあげた問題では、過去に構築された社会の枠組みが社会の変化に対応できずミスマッチが目立ってきて、社会のしがらみとなる例ばかりです。情報技術やネットワーク技術が進んできたので、構造的な問題はかなり解消されるでしょう。それがIoTの社会です。

要点BOX
- ●スケジュール支配では社会は限界にきている
- ●スケジュール駆動社会の問題を解決するのがIoT社会

スケジュール支配のままだと困ること

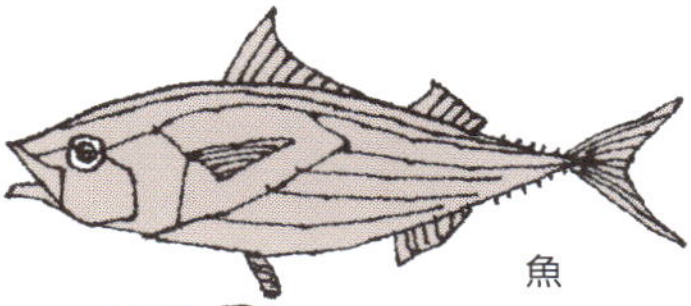

豊作による過剰生産と不作による値上げ！

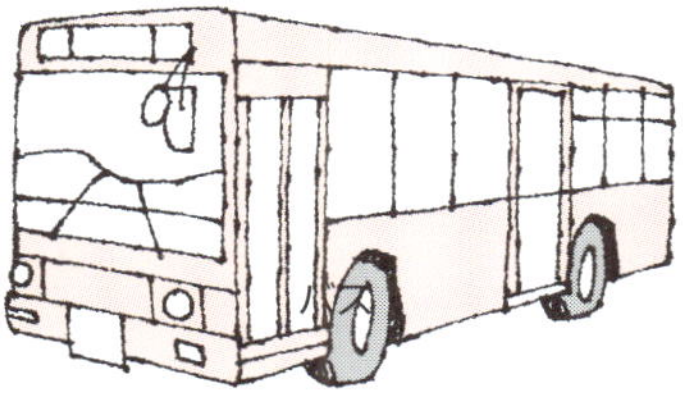

人口減少・高齢化社会では
交通確保が困難に！

インフラの劣化で事故の危険やコスト増加

3 イベント駆動社会におけるセンサ

人が起動するセンサと人と対話するセンサの役割

センサ情報によるＩｏＴ社会がイベント駆動社会になると述べました。そこにおけるセンサの役割はいかなるものか。イベントを駆動しているセンサの例を示しましょう。

誰かが火事を発見した時、消防車を呼ぶ１１９番の電話がイベントを駆動します。押しボタンを押すだけで消防署に通知されます。急に体調がおかしくなり、救急車を呼ぶ電話もセンサの役を果たします。タクシーを呼ぶのにスマートフォンを使う際に、あなたのいる場所をタクシーに知らせるのは、スマートフォンに内蔵されているＧＰＳです。タクシーもＧＰＳに誘導されて現れます。

あなたがスマートフォンやパソコンを使ってメールを送るとき、スマホやパソコンに組み込まれたシステムの知能が、インターネットに接続された「人が起動するセンサ」の役割を支援します。

鉄道を利用する際、乗車券を購入して改札機を通ると、駅名と時間とが切符に記録され、目的駅の集札機で内容が読み取られ、料金が回収、あるいは精算されます。乗車券の代わりにカードをかざすだけで、内容が読み取られ、料金が支払われます。ここでセンサは人を検知するだけでなく、人が持っているデータを瞬時に読み取り、機械の知能が内容を認識して、所定の操作を実行します。

現段階では、人の持つデータをセンサが読み取る例や、センサが機械の状態を認識して人に知らせる場合が多いですが、ＩｏＴ時代には、機械の状況をセンサが認識し、人の判断を得ないでセンサが機械を操作する場合が大幅に増加するでしょう。

システムが人の願望を一度の通話で認識できなくても、対話を重ねることで正しく認識します。対話によりいかなる新しい価値が実現するでしょうか。それこそがＩｏＴ社会への期待です。

要点BOX
- ●人が起動しイベントを駆動するセンサ
- ●人が起動するセンサの背後に対話で希望を理解するシステムがある

センサが個人の意思とイベントの意味を伝える

願望

言葉が通じない外国の街を安全に楽しみたい。
タクシーを呼びたいが呼び方や自分の場所がわからない。

情報を受けた側の対策は決まっている

人が起動するセンサ

IoT のシステムが個人の願望を認識するには対話が必要。
対話を重ねることでシステムが個人の願望を正しく認識し、問題を解決する

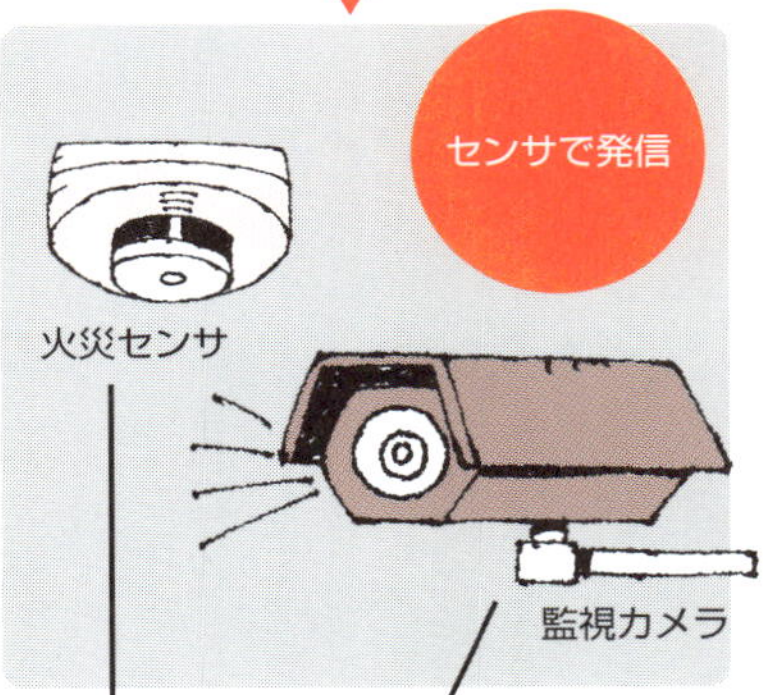

情報を受けた側が意味を解釈する必要がある

センサが認識して人に知らせる時代になる！

IoT 社会へ

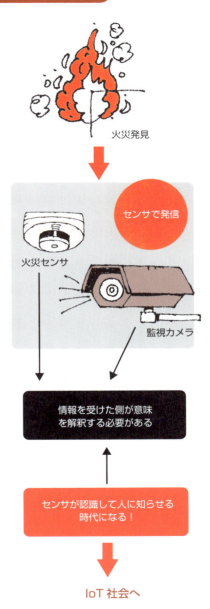

4 つながるがもたらす技術がもたらすもの

インターネットにつながってからの急速な変化

ＩｏＴとはインターネット・オブ・シングスの略称です。インターネットは今まで多くの人々をつないで、密度の高い情報交流を実現してきました。言葉の意味は、つながりをモノにまで拡張してネットワーク社会を実現しようとするものです。今までつながりがなかったモノにつながりができて情報が伝われば、大きな利益が得られ、新しいサービスが生まれます。

製品はメーカーから使用者に渡ると、人工物ならば程度の差があるものの、劣化が始まります。故障して修理するとき以外は、使用者とメーカーとの直接のつながりはありませんでした。もし、劣化や変化を検出するセンサがとりつけられ、その情報を通じてメーカーが使用者とつながれば、早期に修復が行われ、使用者にとってはありがたいことです。

製品が地下に埋められた管路や電線などの場合、センサの取り付けが困難でした。ＩｏＴ社会ではメーカーと使用者とが製品を通してつながることで、メーカーにとって新しいサービスを提供する機会を作りました。劣化を検知して交換や修復を行う合理的な保守が、今までの定期的交換や事故が起きてからの修復に代わります。それが使用者だけでなく、メーカーにも新しい利益をもたらします。

ＧＥ社は旅客機エンジンの重要部品にセンサを設置し、飛行中のセンサ情報を衛星通信ネットワークを通して、同社と顧客の航空会社とをつなぎました。センサ情報による早期の修復で航空会社にとり利益を生む定時運行が実現できます。ＧＥもこのサービスで大きな利益を上げています。

かつて携帯電話がインターネットにつながるようになって、メールが送受信できるようになった時、現在の便利さを予想できたでしょうか。つながることで全く新しいサービスが生まれ、予想をはるかに超える便利さを社会にもたらすことになるでしょう。その社会の予兆はすでに姿を現しています。

要点BOX

- ●インターネットでサービスの変化は加速する
- ●製品とメーカーをインターネットがつないで新しいサービスをつくる

つながる技術がもたらすもの

製品が出荷され、使用者に手に渡れば、生産者と手が切れたが、
製品に設置されたセンサの情報によるサービスが使用者をつなぐ。

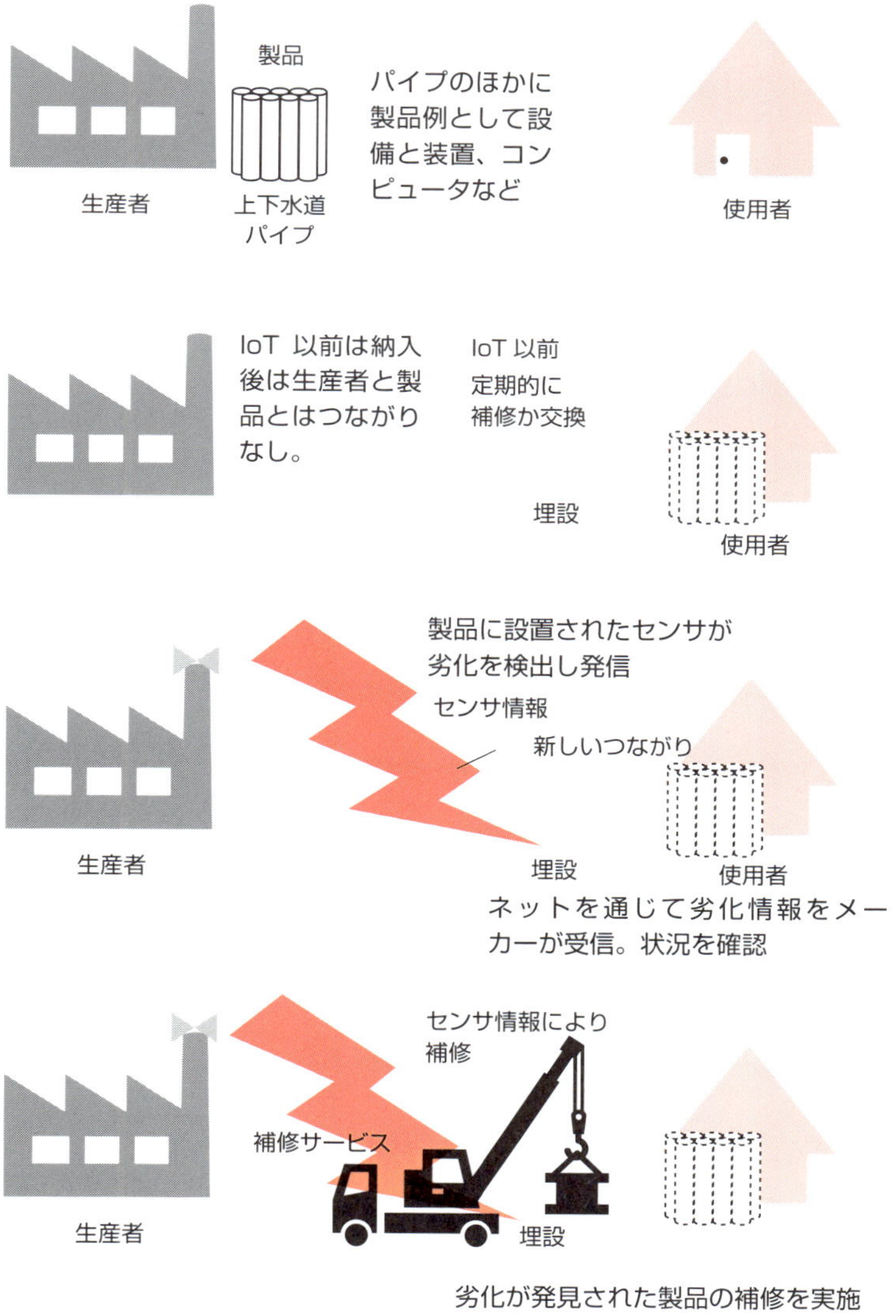

5 インターネットの成立と発展

コンピュータの性能が向上して使いやすくなるに従い、この強力な機械が相互につながれば、きっとすばらしい効果が期待できるとの研究者たちの強い思いがありました。インターネットは大学のコンピュータ同士を接続して、より大規模な仕事をさせる意図を持つネットワークとしてスタートしましたが、従来の電話線と異なり、核攻撃を受けても接続を維持できる頑健性を特徴とし、米国の軍事予算の支援を受けて開発されました。大学の研究者の間に利用者が増加し、後にコンピュータ・ネットワークとして軍用ネットワークから独立して発展しました。最初は限られた大学のコンピュータしか接続できませんでしたが、発展の結果、すべてのコンピュータがつながることが実現しました。

インターネットはパケット交換という技術を使って情報を送ります。ディジタル化した情報をパケットという小さな塊に分割し、宛先の番号を付けて空いている回線を利用して転送する技術です。電話のように通話者により回線が占有されないので、ネットワークの一部が壊れても情報が届く情報伝達の頑健性が確保されます。

欲しい情報を得るのに、多くの人は辞書の代わりにネットのブラウザーを使ってはるかに速いインターネット検索に頼ります。インターネットは大量の情報を持つ図書館に代わり得る存在になりました。

さらにインターネットの技術が進んで、ブログやソーシャル・メディアを通して誰でも簡単に情報の発信ができるようになり、メディアに代わる存在ともなりました。そこは広告のための大きな情報空間でもあります。インターネットは大学のコンピュータをつなぐ役割からパソコンをつなぎ、スマートフォンをつなぎ、既成のメディアに並ぶ新しいメディアに成長しました。さらに、ＩｏＴではモノとモノとをつなぐインフラの役割を期待されています。

要点BOX
●インターネットが主役でインフラを変える
●メディアに代わる存在からさらに社会の新しい役割を担うようになる

インターネットがIoTで果たす役割

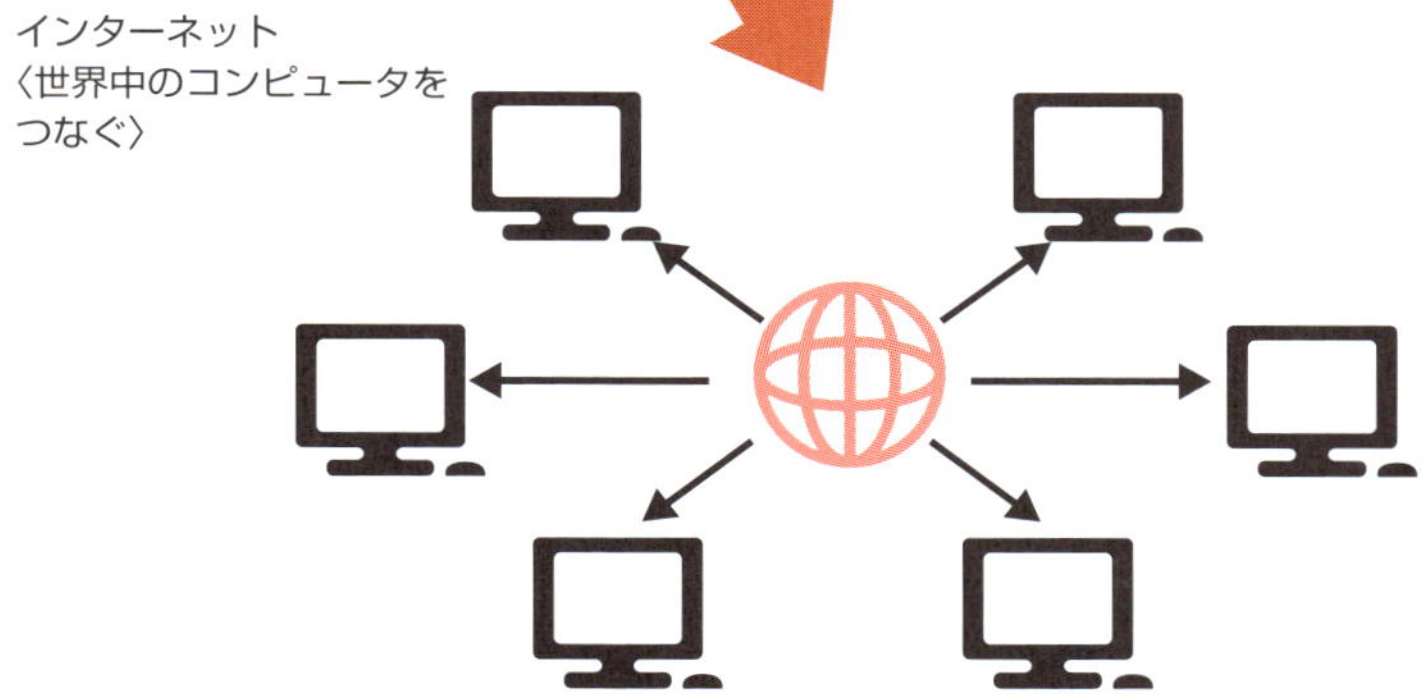

6 IoT社会で生まれる新しいサービス

交通や医療も変わる

個人の意思や希望で社会が動いてくれたらすばらしいことです。都会に出れば、いろいろな便宜が得られますが、自分の車で行くと駐車場所に困ります。タクシーは便利ですが高くつきます。アメリカのウーバーはそこに着目しました。空いている自家用車と運転者を使って、スマホの機能を活用し、タクシーの役を代行させるサービスです。使用希望者はスマホで行く先と乗車希望場所を連絡すると、そこに車が現れて移動し、支払いはクレジットカードで行われます。移動の希望者と車運転者の都合を通信手段で結びつけ、安価な移動を実現するサービスです。現在の日本では客の安全を優先する立場から許可されていません。将来、自動運転の車が普及した時期には、特に過疎地の高齢者にとって有効なサービスとなるでしょう。

心臓の病気を持つ人にとって、恐ろしいのは突然の発作です。発作が起きたとき、医療の処置を受けるまでの時間は寸刻を争うと言われています。

期待されるのは、体に付けたセンサで検出した心拍情報を医療サービスセンターにネットワークで送信し、担当の専門医が適切な処理を行うサービスです。医療はヒトの健康の障害によって起動されるイベント駆動のシステムですが、現実には専門医や設備が偏在するために素早い対応が実現していません。もし、センサとその情報を伝達するネットワークが整えば、患者にとって最も望ましい処置や対策が早く伝わり、生命の危険を回避できるでしょう。リソースの偏在を情報システムの整備により問題を緩和できれば、有効なサービスとなるのです。

高齢化が進み、一人住まいの年寄が増えると心臓病に限らず、医療のサービスを受ける必要があります。真にイベント駆動の医療介護が充実すれば、大病院で長時間待たされ、診察は数分というような現状が改められるでしょう。

要点BOX

- ●イベント駆動の交通システム、まずは車から
- ●医療サービスはイベント駆動であることが強く期待されています

IoT社会で生まれる新しいサービスのイメージ

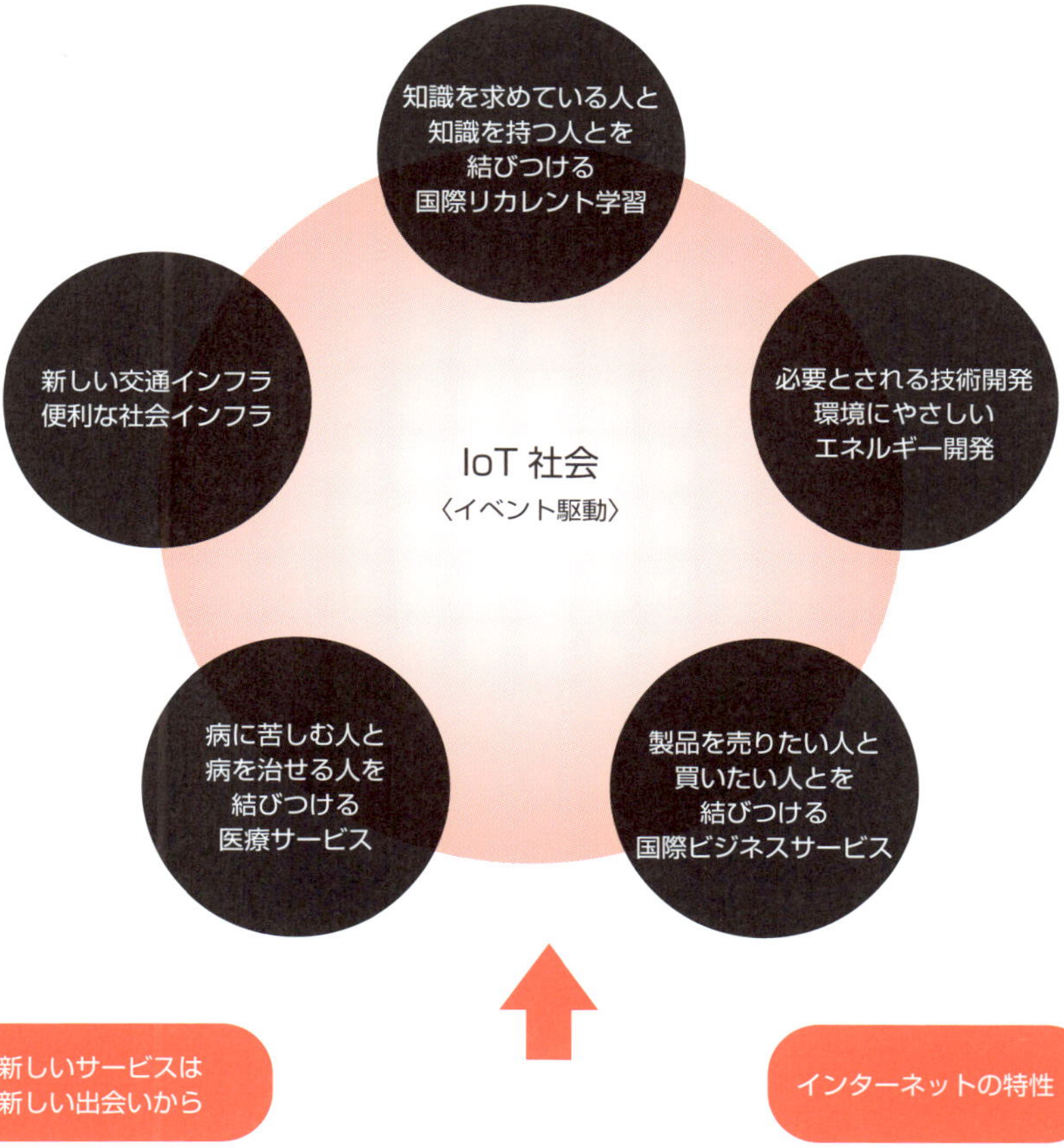

新しいサービスは新しい出会いから

インターネットの特性を活用した課題の解決

インターネットの特性

距離、時間、言語の差異を克服

1. 出会いの場が無限に広い
2. コストがかからない
3. 過去のしがらみがない

7 ＩｏＴがめざすもの

世界の政策と日本のSociety5.0

ＩｏＴ社会の実現を目指して、世界各国が政策を展開しています。米国のIndustrial Internetは文字通りインターネットを社会に大幅に取り入れた改革を意図していますが、国の政策として具体的な目標は見えてきません。ＧＥなどの強大な企業が、具体例を多数作成してデファクト・スタンダードを作ってしまい、世界をその方向に向けようとしているかに見えます。情報化において、米国はいつもこのような推進策をとってきました。

それに対してドイツの行き方はIndusrie4.0と称して、米国とは異なる進め方をしています。

18世紀の蒸気機関による第1次産業革命、20世紀初頭の電力の活用による第2次産業革命、20世紀末のコンピュータによる第3次産業革命の次に第4次産業革命と位置づけ、ＩｏＴによるさらなる効率化を狙います。ドイツでは政府が力を入れ、製造業の輸出競争力の強化を狙い、ドイツのモノづくりの流儀を国際標準とすることを意図しています。今まで、横の連絡が不十分であった産業界において、ネットに接続して産業効率を大幅に高めることを狙っています。

わが日本の行き方は両者とは異なり、超スマート社会Society5.0を目標とします。ドイツとは異なり、さらに文明史にさかのぼります。

Society1.0が狩猟社会、Society2.0が農耕社会、Society3.0が工業社会、Society4.0が情報社会、それについで、その先にあるSociety5.0が超スマート社会です。センサにより収集された人間の希望に関する情報が、クラウドのＡＩにより分析されて、ロボットなどを通して人間にフィードバックされます。この仕組みにより人間の希望が実現し、社会の課題の解決を意図します。「ＳＤＧｓ持続可能な開発目標」とも合致します。

要点BOX

●Industrie4.0（ドイツ）、Industrial internet（米国）とSociety5.0

IoTの活躍が期待される分野

①収集した大量データを分析した知見で、新たなサービスを起こし事業を強化する
②工場、設備や社会インフラ等を接続し、データを収集して合理化を図る
③センサやクラウドを活用し、新製品・サービスを開発し、新規需要を獲得する

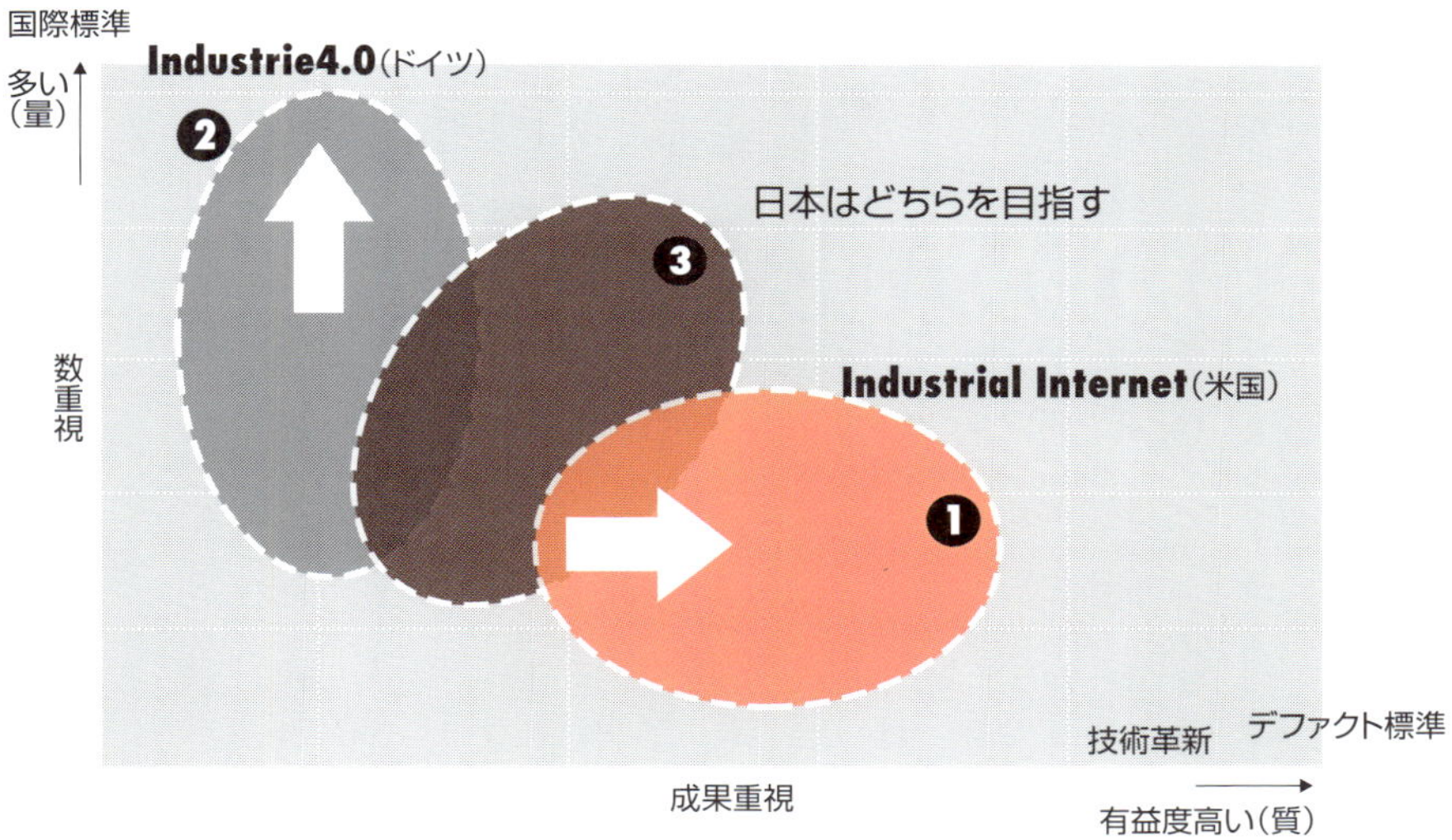

日本のIoTが目指すSociety5.0

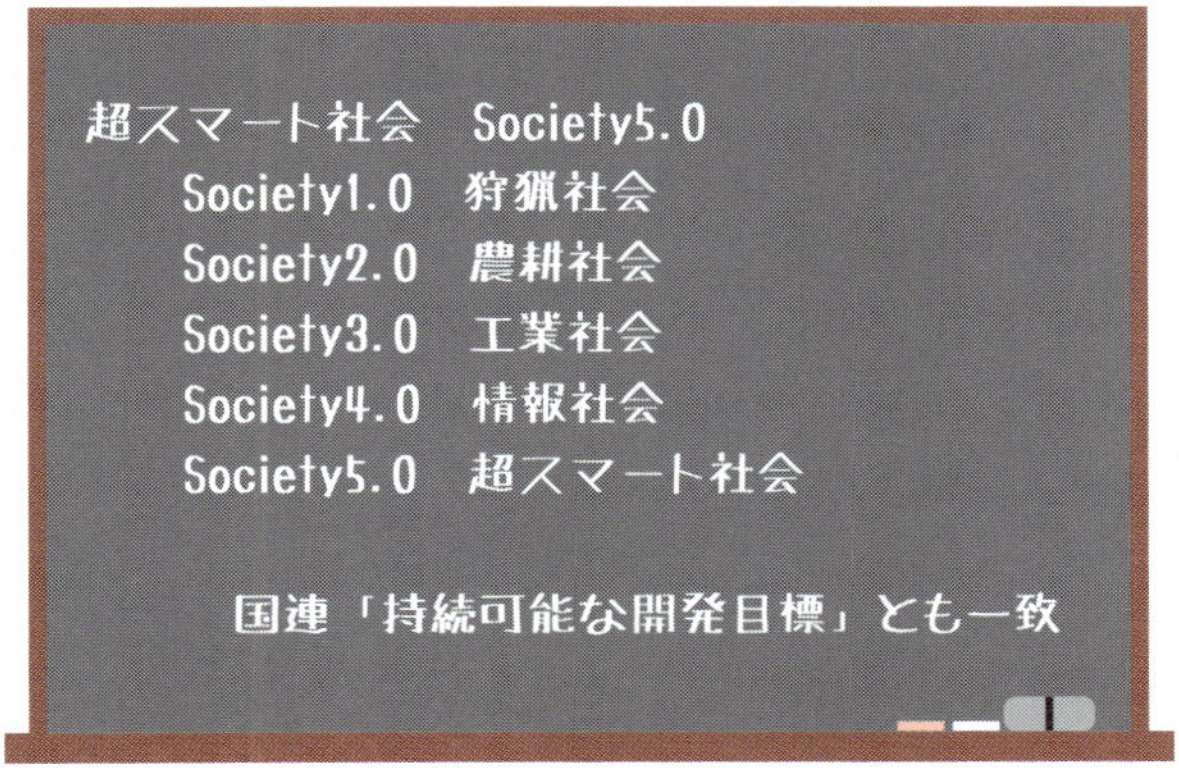

第1章　まとめと補足

この章では、IoT社会が実現した時に、何がどのように変わるかということを、抽象的ではなく、具体的なイメージが想像できる形で伝えたいと思いました。キーワードとして選んだのが、「スケジュール駆動からイベント駆動への変化」でした。情報化社会が成熟し、インターネットが普及するに従い、スケジュール駆動社会の枠組みにほころびが見えてきました。あらかじめ決められたスケジュールに代わり、個人の意思で社会を駆動できる社会の枠組みが見えてきました。社会を直接駆動する入口はインターネットに接続されたパソコン、スマートフォンやセンサなどです。

インターネットは、大学図書館を結ぶ通信ネットワークとして出発しました。ただ、通信方式が、話者間に専用の回線を確保する従来の電話と異なり、パケット交換というロバストな方式を採用しました。インターネットは大きく発展し、IoT社会のインフラを形成しています。

IoT社会では、産業の価値はモノからサービスに移ります。サービスの種類は多様ですが、差し当たり、売った製品の機能の補修やバージョンアップ、新機能の追加などがあげられます。サービスはネットワークを介して要求され、提供されます。また、メーカーは製品にセンサを取り付け、ネットを通して状況を監視し、効率よく補修を実行します。

IoT社会を目指す動きは、動きを先導している米国、ドイツそして日本で少しずつ変わりますが、本質は変わりません。

米国はインダストリアル・インターネットと称し、世界のデファクト標準を狙っています。ドイツが目指すインダストリー4・0は、第4次の産業革命を意味するものづくりの効率化で、国際標準化を目指しています。日本はソサイエティー5・0をめざすと称しています。ドイツの4・0の上を狙い、独自性を主張しますが、内容が抽象的で、めざしている超スマート社会も内容がややわかりにくいのが残念です。

IoTがめざすもの

デファクトスタンダード
事実上の標準をめざす

インダストリアル・インターネット

アメリカのIoT

現在

日本のIoT

スケジュール駆動車会からイベント駆動※
社会へのパラダイムシフト

ソサイエティー5.0
超スマート社会をめざす

高効率だけでなく、人間を尊重し、
部分最適でなく、全体最適をめざしてほしい

ドイツのIoT

さて中国はどこへ
「中国製造2025」をかかげています。

インダストリー4.0

国際標準をめざす

＊日本政府はイベント駆動社会をデータ駆動社会と呼んでいます。内容は両者ほとんど変わりません。

Column

IoT社会で消えていくもの

いつの時代でも社会が変化し、技術が変化するとその影響で消えていくものがありました。電話交換の自動化により電話の交換手が不要となりました。

鉄道の発達で馬車が、やがてはその電化でＳＬが退場しました。

ネット検索の普及で、百科事典が消えつつあります。

それぞれの分野の権威者が書いた知識の宝庫と言われましたが、紙数の制約と内容の時間的変化への対応に関してインターネットには到底勝てませんでした。

本書の最初に書いた様に、一種のパラダイムシフトですから、スケジュール駆動の社会から、イベント駆動社会への変化に伴い、前社会で支配的であったものが、長期的にその地位を失うことになるだろうと予想されます。

変化は急激でなくても社会の変化が、必然的にやがては不要であることを示すにちがいありません。

変化は既成のメディアや行政などの社会システムや教育システムに及ぶことが十分考えられます。

変化の影響は非常に広範なため、変えられない状況も起こり得ます。

一方、ＩｏＴ社会への移行によって、新たな組織や仕事が必要になります。従って、変化にとり残されないためには、将来を読んだ適切な対応が大切です。

物理的あるいは社会的な制約で変化に対応できないと、ビジネスそのものが消えていくことになるでしょう

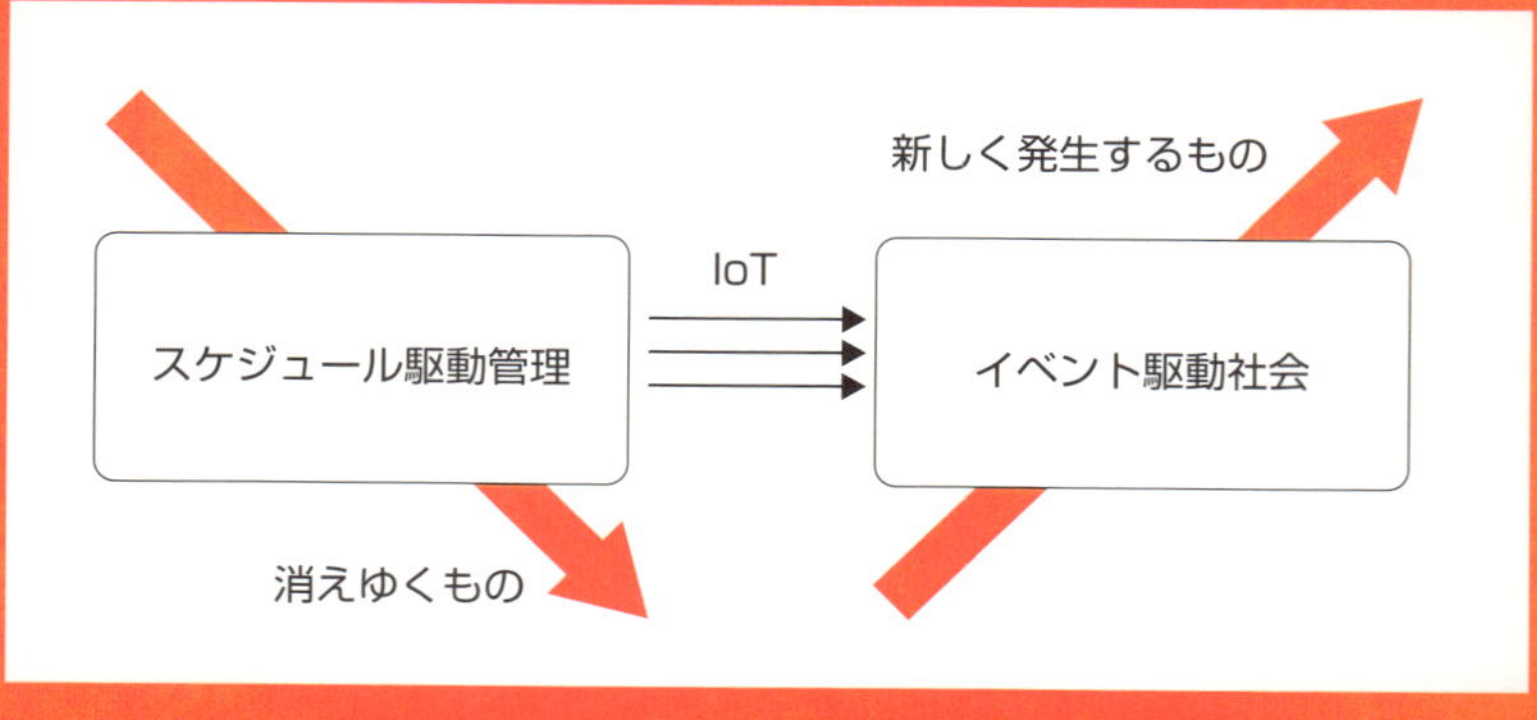

第2章

IoTネットワークでの役割分担とは

8 ＩｏＴ社会における情報の形と予知

未来情報の信頼性

ＩｏＴ社会で私たちが最も欲しい情報は、これから確実に実現する未来に関する情報です。過去に関する情報はいくら詳細でも済んだことで、訂正が効きません。

これから起こることが、前もってわかれば、対策を立て、対応することが可能です。天災のように、災害自体を防げなくても、起こることが前もって予想できれば、損害を抑えることが可能です。

東日本大地震が発生した時刻は14時45分で、多くの新幹線列車が高速走行中でした。

地震動にはＰ波と呼ばれる縦波とＳ波と呼ばれる横波があります。大きな揺れと破壊をもたらすのは横波のＳ波です。両方の波は震源で同時に発生しますが、伝搬速度が異なるため、Ｐ波がＳ波より先に到着します。時間差は震源からの距離に比例するので、Ｐ波を警報に活用すれば、Ｓ波との時間差を利用して被害を抑えられます。東日本大地震では、Ｐ波をセンサで検出して新幹線列車を停止あるいは減速させました。そのおかげで脱線事故が回避できました。津波の襲来にはさらに時間差があるので、避難警報が出されました。ここでは、貴重な時間差を最大限活用するため、警報センサ情報から警報発信までの時間を最小に抑える必要があります。誤った災害予知情報は社会を混乱させるので、警報発信に至る決断や手続き、伝達経路などを決めておかなければなりません。

Ｐ波の速度は秒速５～７km、Ｓ波は秒速３～４kmですから、震源の距離が１００kmとすると約12秒の到着時間差となります。

東日本地震の際には、放送を通じて避難指示が伝えられました。ＩｏＴ社会ではセンサ情報がモノやシステムに伝えられ、機能されねばなりません。混乱をさけるには未来情報の信頼性が重要で、これを損なう行動は厳しく批判されねばなりません。

要点BOX

- ●災害の予知などにIoTは活用できる
- ●未来情報は信頼性が重要

減災システムで地震や津波にセンシング・システムが活用

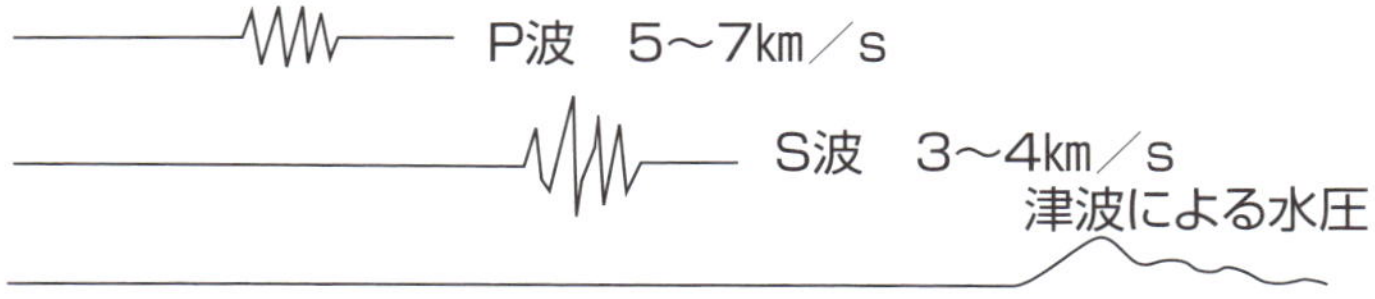

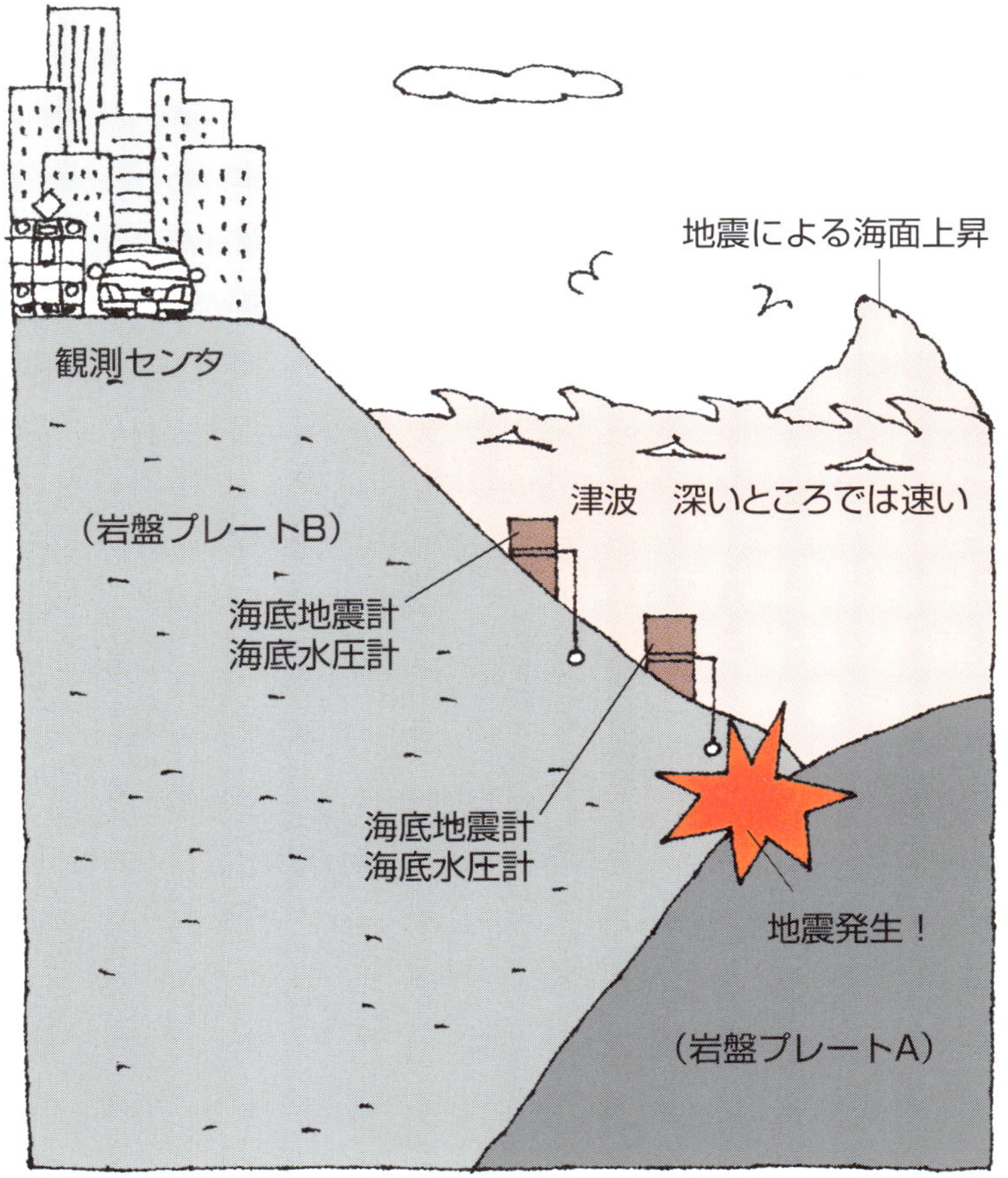

P波早期検出による減災システム
海底水圧力センサによる津波予測
水深が浅くなると津波が遅く波高が高くなる
（水深1000mで速度約100m／s）

P波の速度は秒速5～7km、S波は秒速3～4kmですから、震源の距離が100kmとすると約12秒の到着時間差となります。

9 イベント駆動情報の役割

監視制御から最適化

ＩｏＴネットワークは巨大なシステムを構成するので、図のような役割は階層構造で、上位の階層がすぐ下の階層の役割分担を決め、さらにその下の階層の役割や分担を決める構造です。下位のフィールド層、中間の情報伝達を行う中間層、高次の知的処理を行うインフラ層の3層に機能的に大別できます。各層の機能に対応して、フィールド層にはセンサやアクチェータなどのＩｏＴデバイスが配置され実社会と接します。上層のクラウド層には情報分析機能を持つデータセンターとしてＩｏＴサーバーが配置されます。中間層にはＩｏＴゲートウェイが設置され、上下層間の情報交流を仲介し、センサデータの収集や制御を実行します。

モノづくりの世界であれば、生産計画の変更による原料や部品供給の変更が早急に連絡されねばなりません。自動車事故が発生した場合では、負傷者が緊急に助けを必要とすることが予想されます。

これらの情報発信は人からの電話である場合とセンサによる自動発信の場合がありますが、イベント駆動で必要な処理が実行される仕組みは、すでにできています。

ＩｏＴ社会では、入手可能な情報を活用して、最も良い結果になるような処理を実行します。これを最適化処理と言います。このためには対象の性格がわかり、関連情報を入手して最適化制御がシステムで直ちに実行できることが必要で、これがＩｏＴ社会の特徴です。

複雑なシステムでいろいろな状況が絡む社会システムにおいても、ＡＩに蓄積された知識やルールと供給される情報によって最適化制御が行われるようになるでしょう。そこが人工知能（ＡＩ）の出番です。人の健康が絡む状況では、過去の病歴や通院歴、利用可能な医療施設などの情報を活用して、ＡＩが最適な措置を講じることになるでしょう。

要点BOX
- ●IoTネットワークは階層構造で役割分担
- ●最適化制御はAIの出番

IoTネットワークの構成

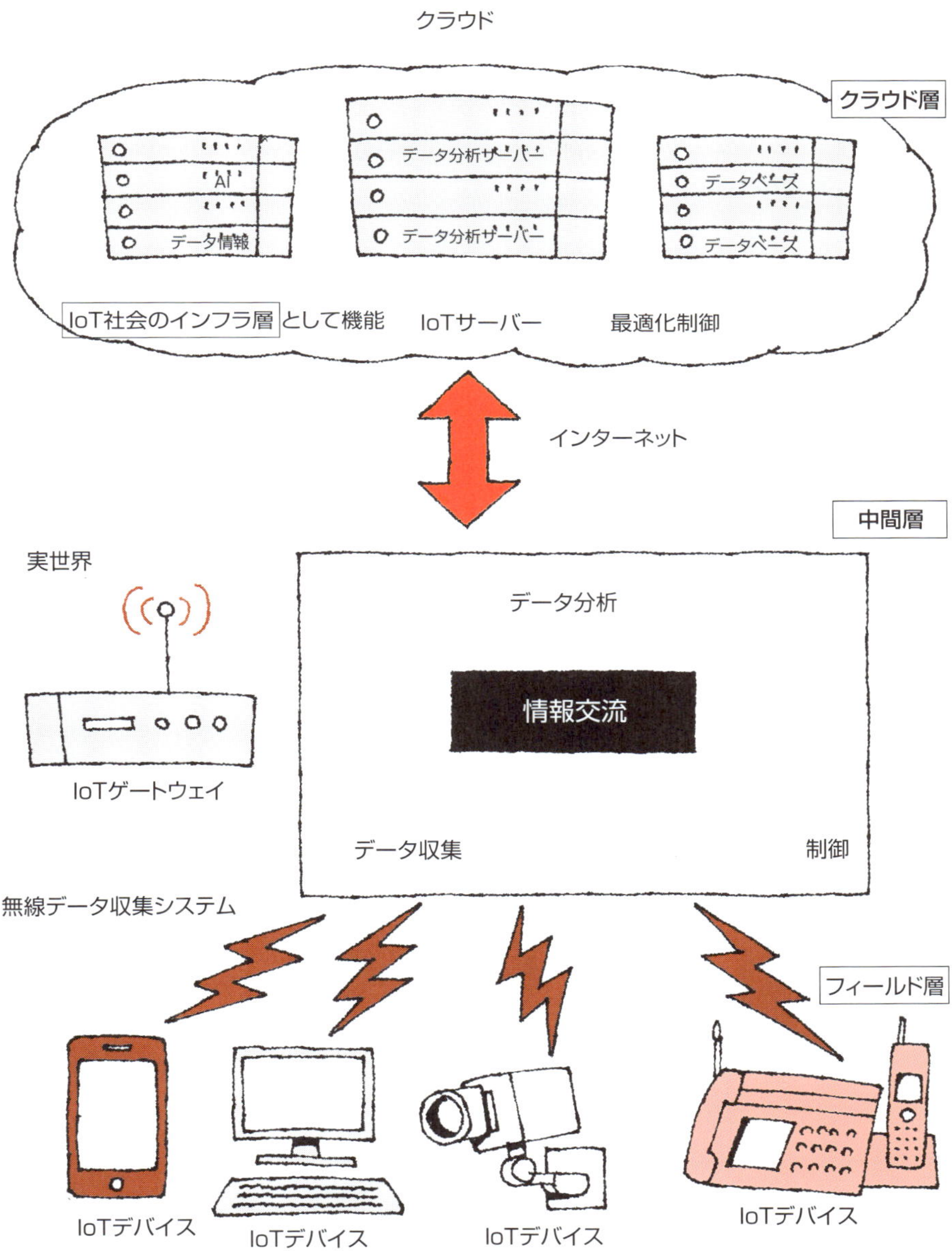

10 大量データの処理

情報の集合が生む価値

イベント駆動社会では、ネットワークを通して得られた大量の情報を活用すれば最適な処理ができる可能性を述べました。

筆者は、カー・シェアリング・サービスを利用しています。車を使用すると、私が走る場所を、常に車のカーナビを通してサービス会社が把握して、車を利用した走行距離を算出、課金されます。

もし、すべての車の位置が時々刻々集められたら、複数の車が信号のない交差点に同時に進入して衝突する危険が予想できます。その危険を運転者に知らせれば事故を回避できます。大量の情報を収集して処理しなければなりませんが、クラウドという大きな情報空間なら可能です。

昔は車に乗ると、運転者相互の会話が全く不可能でした。自動車電話が実現しても運転中の通話には制約がありました。カーナビというシステムが完成して、そのネットワークや機器を利用すれば、近接した車同士をつなぐ情報手段が実現できます。

位置情報だけでなく、急減速や、ウィンドー・ワイパーの動作情報などを集めると、対象の地域の渋滞や道路上の落下物、降雨などの交通状況が入手できます。

情報は単独では価値がなくても、集めて、共通の特徴を手掛かりに処理をすると、価値を生む情報に変わります。つながらなかった車がつながるという意味はこういうことだと筆者は考えます。

さらにクラウドの大きな情報空間に情報を集める意味があります。

クラウドに集められたデータは精製すれば価値を生む原油のようなもので、大きなデータを強力なAIで分析すれば、それまで気づけなかった価値を生むことが期待できます。分析の結果、部分最適であったものを、全体最適に変えることができるのです。

要点BOX

●GPSでクラウドに集めたデータを利用した新しいIoTサービスが生まれる

GPSにより車の位置がわかる

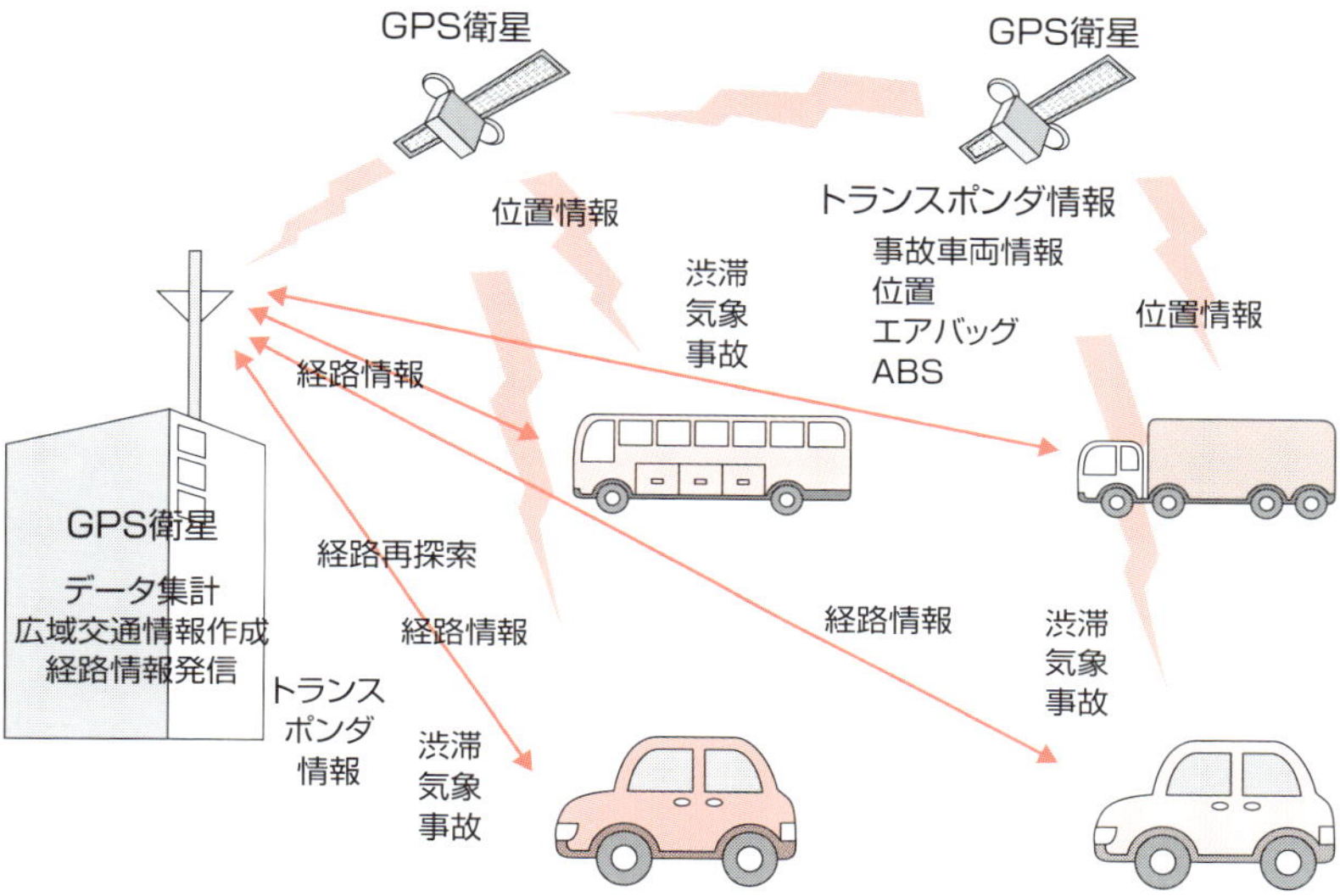

GPS情報センターに集まる多数の車の状況をセンターで分析すると、渋滞の発生や解消が推定できます。さらに、ワイパーの作動状況やブレーキの作動状況を広域的に多数集めると、その付近の降雨や道路上の落下物、さらには、事故の発生などが推定できます。
情報の集合が価値を生む例です。
また、事故多発地点として公表することも可能です。

大量データをAIを援用して分析

部分最適	→	全体最適に変えられる
渋滞解消	→	快適な移動
病気早期発見	→	クオリティオブライフ(QOL)の向上
環境破壊防止	→	持続可能社会実現
モノづくりのムダを省く	→	必要なモノを必要なだけつくる

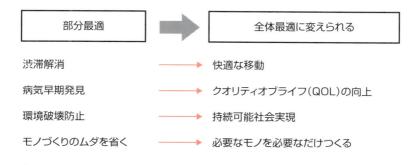

11 クラウド・サービス・プロバイダーの役割

エッジ・コンピューティングとフォグ・コンピューティング

クラウドに集まる膨大な情報を活用し、その価値をいかに高めるかが、クラウド・サービス・プロバイダーの役割です。クラウド（ＩｏＴプラットフォーム）につながるセンサ数が増加すると、クラウドの負荷が増え、処理時間が増え、サービスコストの増加が予想されます。クラウドの負担を軽減するため、すべてのセンサデータをクラウドに送らず、センサに近い場所に設置した処理能力の高いコンピュータで処理や分析を行う手法をエッジ・コンピューティングといいます。イベント情報の処理を現場に近い場所でローカルに実行することで、処理の高速化が図れます。また、複数のエッジ・コンピュータを使用し、現場の分散処理の能力を高める手法をフォグ・コンピューティングと呼ぶことがあります。

質の高いサービスを低いコストで迅速に実行できるＩｏＴシステムの運用が課題です。すべての情報をクラウドに伝える必要はありませんが、大局を把握する情報は伝えなければなりません。情報処理を階層化して、クラウドには共通に使用できるアプリケーションやデータベースなどを置き、センサ情報の意味や内容をエッジ・コンピュータで判断して、クラウドに伝達する情報の優先順位を決め、エッジで対応可能であれば処理して効率良くクラウドの能力を活用すればよいでしょう。

この処理の階層化の狙いは、上位が定めた仕事の重要度に従い、分担する階層を決め、システム全体の効率を高めることです。企業経営における役割分担や権限の委譲の考え方と共通します。トップは事業の目的や優先順位などを決定し、個々の仕事は適当な階層のレベルの決断や実行に任せる仕組みです。下位のレベルは上の決定や設定されたルールに従い、日常の仕事を処理します。クラウドに集まる情報を分析して全体最適となるように運用するのが、クラウドサービスプロバイダの役割です。

要点BOX

●IoTサービスの価値をプロバイダーが高める
●効率良くクラウドの能力を高めるエッジ・コンピューティング

情報処理サービスの階層化

階層の役割分担と処理サービスの分担とを表で示します。

階層	情報処理サービス	処理される情報	処理の機能	企業経営の階層
上位の階層	クラウド･コンピュータ IoTサーバー	サービスの共通方針や共通施策決定 高速度データ通信	大容量メモリ、高速度処理 社会共通に使用されるアプリ、データベース	トップ 経営情報の収集、経営方針の決定 目標設定、伝達 全体最適の実現
下位の階層	エッジ･コンピュータ	ローカルな情報処理、地域分散処理 IoTデバイスの制御 高速データ通信	小容量メモリ 高速処理 ローカルデータ処理用アプリ、オンライン制御	販売･生産などの現場 中間管理職、社員 業務報告 部分最適の実現

割り当てられた部署の部分最適をめざせば、企業全体最適になると信じて努力

12 情報の流れを制御管理するデバイス

分散処理制御

ここまでは、イベント情報駆動のＩｏＴ社会における膨大な情報が果たす役割を中心に解説してきました。これからは役割だけでなく、その役割を果たすための物理的な構成や構造、機能について、解説したいと思います。それにより、与えられた役割を最適に実現する構造についても理解が得られるからです。

ＩｏＴを文字通り解釈すれば、センサなどのデバイスがインターネットに接続されるイメージですが、それは、巨大なシステムを運用するうえで、効率的ではありません。システムを階層構造にして、その階層に適した仕事を分担させる形の方が合理的です。

配置されたフィールド層にある多数のセンサの出力値をすべてクラウド層のＩｏＴサーバー側が収集する場合を考えます。イベント駆動の情報は最優先し、かつ、すべてのセンサ情報を収集して利用するには、いかなる集め方が有効かという問題です。

ＩｏＴゲートウエイあるいはサーバーがデータの収集の要否を尋ね、必要なセンサデータのみを収集するのが効率的です。もちろん、要否とは関係なく、センサデータを逐一収集するやり方もありますが、効率的ではありません。

センサ群あるいはネットワークの役割にとって、より効率的な方法が選ばれ、その機能を持つネットワークが利用されます

センサデータの処理は原則として分散並列処理で、効率的に実行されます。

処理は分散方式ですが、「まとめ」または処理結果をクラウド層に送り、色々な角度で検討し活用する方式がとられます。

要点BOX
- ●膨大な情報の流れを制御するには分散並列処理が必要
- ●処理結果はクラウドで活用する

IoT社会における情報の流れの分散化

情報の流れの制御	情報の流れの経路	情報の流れを制御管理するデバイス
集中処理制御システム	すべてのセンサの情報がインターネットを介してIoTサーバーへ	IoTデバイス（センサなど）→インターネット→IoTサーバー→インターネット→IoTデバイス
分散処理制御システム	地域のセンサ情報をローカルに処理して、制御もローカルに実施。必要な情報のみIoTサーバーへ	IoTデバイス（センサなど）→エッジ･コンピュータ→IoTゲートウェイ→インターネット→IoTサーバー→インターネット→エッジ･コンピュータ→IoTデバイス（アクチュエータなど）

データが過度に集中すると処理がスムーズに流れない

13 IoT社会における無線通信システム

IoT社会における情報のメイン・ルートがインターネットである理由は説明の必要がないでしょう。また、センサ・デバイスからの情報の吸い上げだけでなく、これらをクラウドから制御管理する逆方向の情報の通路も不可欠です。

サービス対象により要求仕様が異なり、IoT社会に広く配置される多数のセンサや移動体あるいは人間などの情報源とインターネットをつなぐ通信には、人間や移動体を前提とした無線通信、つまりIoTゲートウェイのような機能を持つフレキシブルな無線ネットワークが必要です。

このネットワークの特性を2つの軸、リアルタイム性と通信頻度とで評価すると、住宅、社会インフラ関係は通信頻度が低く、遅延許容度が高く、リアルタイム性が低いです。一方、工場の機械制御や自動運転などの走行システムでは、通信頻度が高く、リアルタイム性が高く、遅延許容度は低く、前者と対照的です。

これらの要請のうち、リアルタイム性の低い用途で使用されるのは小電力広域無線で、LPWAN(Low Power Wide Area Network)と呼ばれる方式です。これに含まれる各種の無線規格が検討されています。日本では多くは免許が不要の920MHz帯を使用する小電力無線で、リアルタイム性と通信頻度に着目して、いくつかの方式が検討されています。

有線と異なり、無線通信で問題となるのは、他の通信との干渉や混信です。さらに、無線通信ではリアルタイム性を重視して伝送速度を上げると、伝送距離が短くなります。

仕様目的に合った無線通信方式を選定しなければなりません。

要点BOX
- ●IoTゲートウェイ機能とフレキシブルな無線通信が必要
- ●リアルタイム性と伝送距離はトレードオフの関係

IoT社会の通信への要求

IoTサービス対象により通信ネットワークに対する異なる要求があります

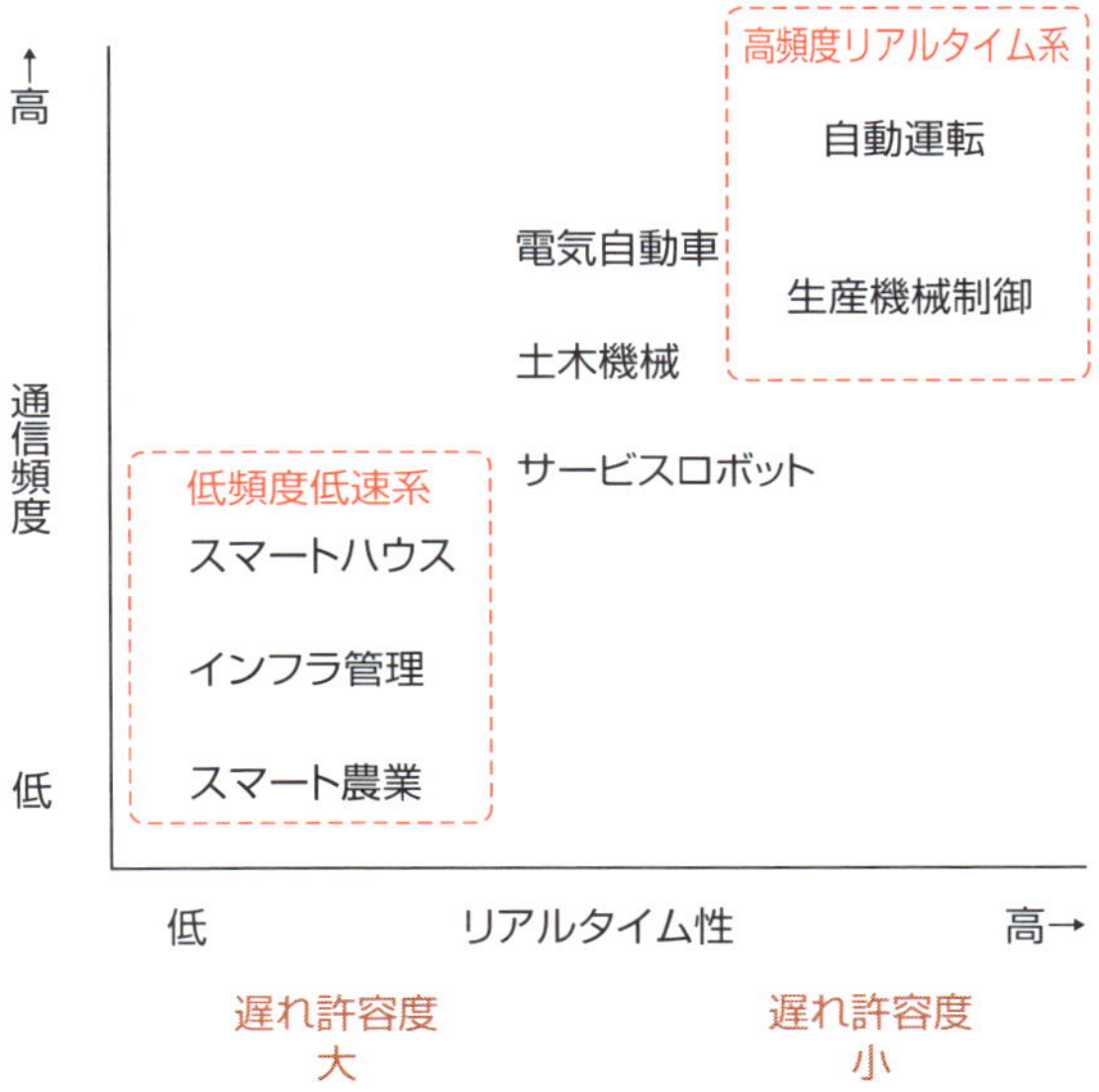

IoT社会における無線通信システム

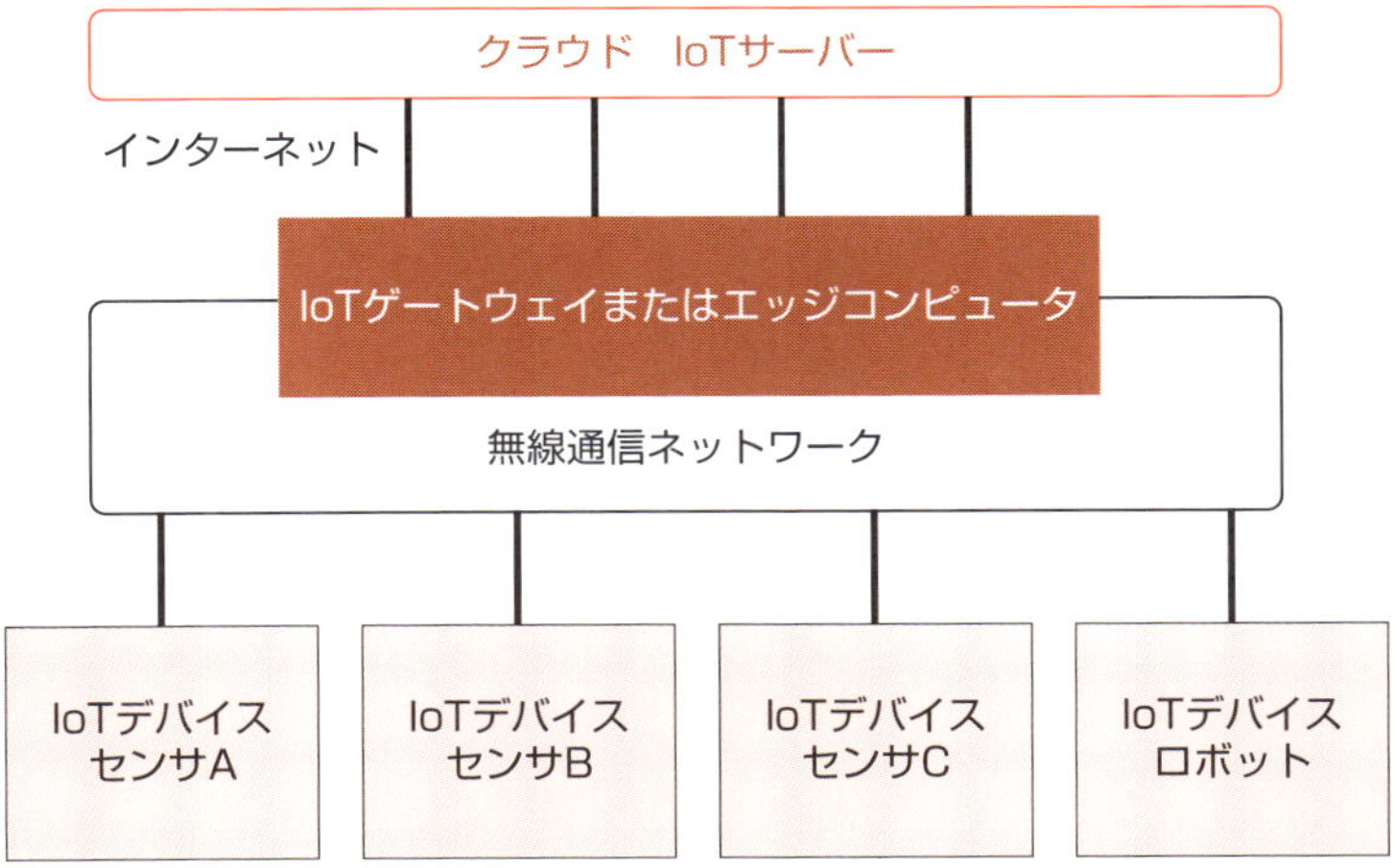

14 IoTセンサ情報を処理するプロセッサ

IoT社会では、物理情報を扱うセンサ情報に始まり、社会を駆動する情報処理まで、いろいろなレベルの処理が実行されます。センサの物理情報を処理する段階は種類が多く、広く配置されたセンサの処理をセンサに近い位置で実行し、インターネットなどのネットワークに送り込みます。アナログセンサであれば、アナログ／ディジタル変換回路でセンサ出力信号をディジタル信号に変換します。ディジタルセンサであればそのまま処理されます。IoTゲートウェイとしてネットワークへの接続を実行するのが、マイコンボードと呼ばれるデバイスです。

図で示したのは、IoTの試作によく使用されるRaspberry PiとArduino Unoを搭載したマイコンボードです。

図1の前者は4コア1・2GHzのCPUを搭載し、HDMIで映像と音声の出力、液晶やELディスプレイへのシリアルインターフェイスとしてEther-Net用やUSB、マイクロSDカード端子（裏面）を備えています。

ボードのコンピュータのプログラムを作成してロードし、実行させます。プログラムはCでも作成できます。デバッグしコンパイルして実行プログラムとしてインストールする仕組みです。低価格で手に入るというのが魅力で普及しています。フリーソフトのリナックスが使えることもありがたい点です。

Arduinoはオープンソースハードウェアであるため、ボードの回路構成を入手して、自らの手でマイコンボードを作ることもできます。

IoTに必要なデバイス

要点BOX
●IoTの試作ではRaspberry PiやArduinoがよく使われる

図1　マイコンボードの例 Raspberry Pi

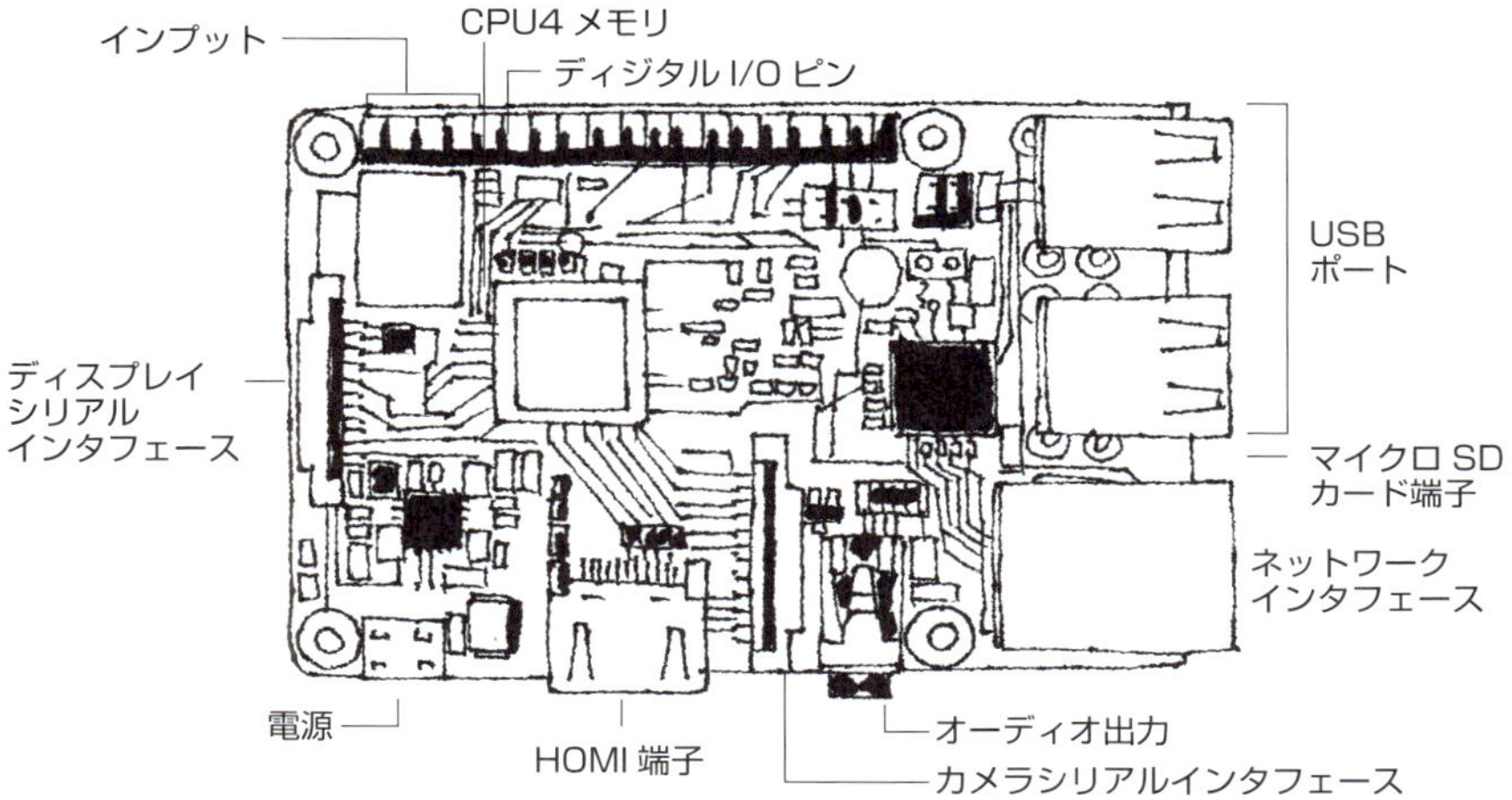

Raspberry Pi (ARM cortex-A53 CPU搭載)
クレジットカードとほぼ同サイズ

図2　マイコンボードの例 Arduino Uno

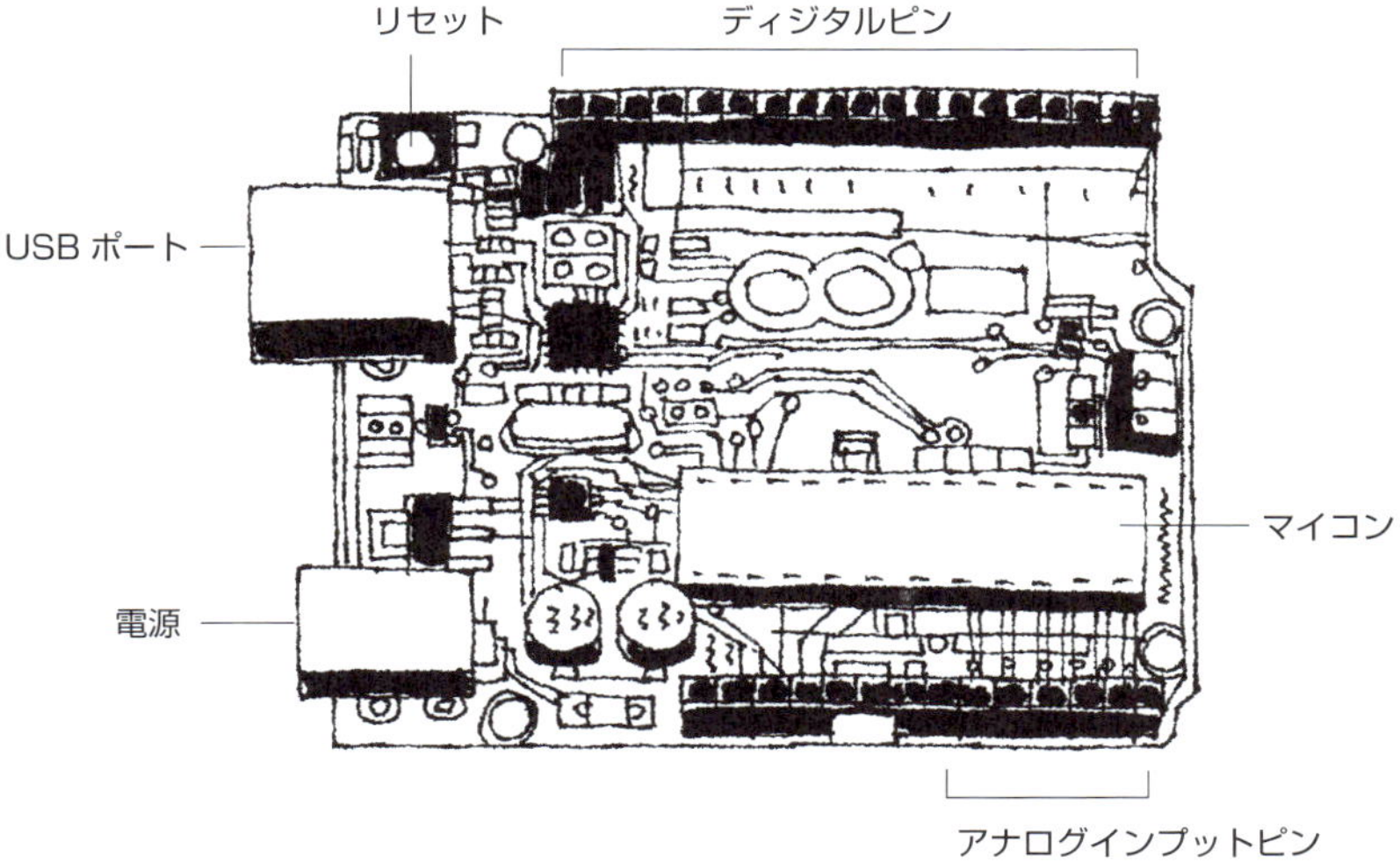

第2章　まとめと補足

ＩｏＴ社会ではインターネットを通して情報の形でサービスが提供されます。誰にとっても欲しい情報は安全に関する確実な情報です。地震のような天災は避けられませんが、情報を事前に伝えれば、迅速に対処して被害を抑えることができます。

行政を例に考えても、情報サービスは複雑です。複雑な情報を効率良く扱うシステムは階層構造になります。複雑な業務をこなす人の組織と同様に、上位の階層が下位の階層の役割を決定します。

ＩｏＴ社会ではおよそ3層構成と予想されます。最上位にはＩｏＴサーバーが動作するクラウド層があり、高度なＡＩを活用した分析機能を持ち、データベース機能などを備えます。

最下層は人々の生活レベルに近いＩｏＴデバイス・レベルで、センサや表示機能を持つデバイス、あるいはロボットがつながるでしょう。中間にＩｏＴゲートウエイ層があり、広い地域に配置されたセンサ情報を収集したり、上下の層との情報交流を効率良くこなします。クラウド層のＡＩは、集積されたデータを利用して状況に応じて最適な処理を決定し、下層に指示します。

ここで大切なことは、末端では個々には意味を持たない断片的情報でも、集めて解析すると意味を持ち、価値のある情報に化けることです。車の走行情報や監視カメラのようなセンサ情報をつなぎ合わせると凶悪犯人の行動を示したり、事故多発の箇所が浮かび上がります。広い地域に設置したセンサ情報を獲得するには、当然無線通信の方式が選ばれます。

また、センサ情報をディジタルネットワークの末端に接続するため、ディジタル信号に変換したり、伝送するための安価なローカル・プロセッサが市販されています。ＩｏＴを理解するには末端からの理解もあり得ますが、全体像を大きく把握することが、より重要であると筆者は考えます。

IoTと企業の階層

IoT の階層

クラウド層	目標設定
IoT サーバー（AI・データベース）	
通信システム	
データ収集　ロボットへの指令	
IoT デバイス層	
ディスプレイ、ロボット スマホ、パソコン、センサ	

ボトムアップの組織

企業の階層

トップ	目標設定
経営情報（データ・スタッフ）	
ミドル	指示↓　報告↑
仕事分担　調整	
ヒラ	指示↓　報告↑
仕事実行 モノづくり、販売	

トップダウンの組織

Column

老朽化した下水管の修復

下水道の導管の法定耐用数は50年です。１９６４年の東京オリンピックの時期に敷設された下水道管の破損事故が目立ってきたのは、耐用年数を超えた管路が増えたからです。ＩｏＴ社会では、下水管路にセンサを配置して、破損を検知して補修するやり方で、定期的な補修より無駄な経費を節減すると同時に、破損事故を防げます。

一方、破損した下水管の補修において、管路を掘り出して交換あるいは補修するのではなく、埋設し通水したままで補修する工法が積水化学工業㈱、東京都下水道サービス㈱、安達建設工業㈱などの共同研究により開発実用化されました。

この工法は硬質塩化ビニル製の帯状材料を螺旋状に巻いて管形状を新しく形成します。帯状から下水管路内に新しい管路に形成するには、管路外で形成し管路内に挿入する方式や管路内で製管しながら装置が自走する方式などにより管路径に応じて管路内壁を新製します。旧管路との間の間隙にはモルタル状の裏込め材を注入されます。

帯状の材料の断面は、スパイラルの隣ピッチの断面とが重なるロック構造による封止固定とシール材との併用により、漏れを防ぐ構造となっています。管路断面が円形でなくても帯の可撓性により、下水管路の曲線部分にも対応できる優れた方式です。

既設管を利用し、掘削作業を必要とせず、大都市の交通を止めることなく補修作業が進められる点でわが国の社会状況に合っており、下水道の歴史が長い外国にも輸出されています。

第3章

ビッグデータ処理をどうIoTに活用する

15 認知、判断、制御機能の分散と集中

ビッグデータ処理機能

IoT社会におけるビッグデータ処理を機能別に分けて、その役割と配置を考えてみましょう。

データ処理の機能を大別すると、認知、判断、制御に大別できます。認知は、センサにより検出されたイベントを認識することです。センサ情報が持つ意味を理解する機能でもあります。当然、実世界に近い下層に配置されます。

判断は、そこで理解されたセンサ情報の意味がIoT社会にとっていかなる意味を持つかと、より上位の判断を行う機能です。その判断には、社会や専門領域の知識や経験が活用されます。例えば、高齢の市民が気分が悪くなり支援を要請されたとしましょう。救急車を派遣して病院に送り届けるとき、その市民の病歴データがわかれば、専門医のいる、あるいは、以前にかかった病院を選択できます。イベント情報の意味に加えて、背景を含めて判断するのが望ましい判断です。クラウドデータを使って、クラウドかエッジで判断します。

制御は、そのイベントが良い方向に収まるように判断の結果が実行されることです。前の例であれば、最も適した病院にできるだけ早く送り届ける操作です。クラウドかエッジに配置されます。

認知、判断、制御の機能を分散させるか集中させるかは、製品とクラウドに、いかにそれらの機能を配分するかの問題で、製品やシステムの設計で決定されます。背景には、製品は単なるモノではなく、サービスであるという見方が必要です。

リスクの大きい装置の安全停止機能であれば、短い処理時間が要求されるので、前述の機能にかかわるソフトウェアは、装置自体に組み込んでおく必要があります。クラウドなどへの接続時間がかかるとリスクが増すからです。一方、機能を集中させれば、集中した製品のコストが上がるので、機能の分散配置が考慮されます。

要点BOX
- ●ビッグデータ処理機能は認知、判断、制御に分けられる
- ●機能を分散するか集中するかはサービスによる

IoTの階層構造

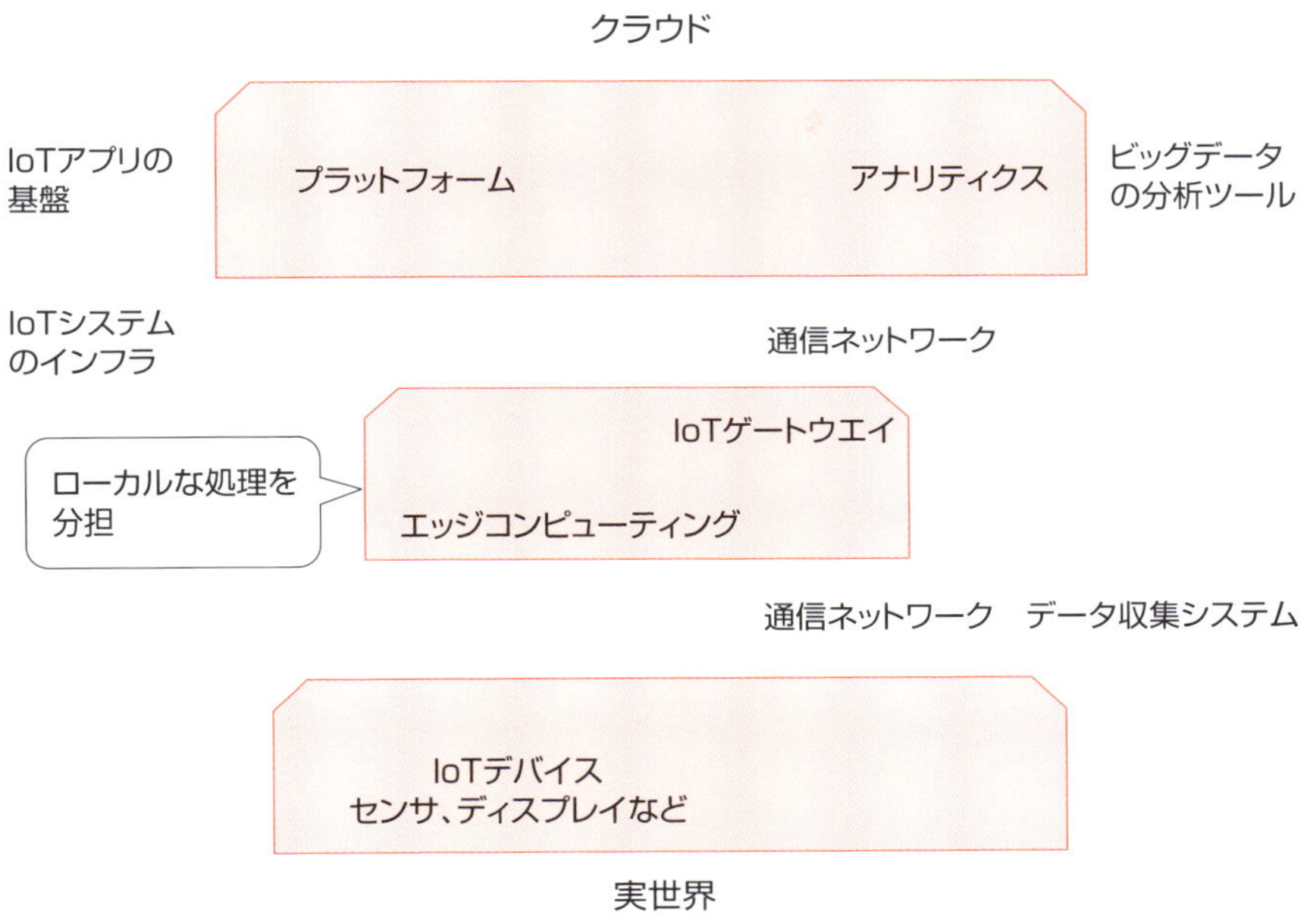

IoTネットワークの構成

IoTサーバー	情報処理能力　高速　強大 メモリ　大容量	判断
IoTゲートウエイ、エッジ	情報処理能力　中 メモリ　中容量	判断、制御
IoTデバイス （センサ　ロボットなど）	情報処理能力　小 メモリ　小容量	認知

16 デジタル情報の特徴

アナログの限界

センサの出力としてアナログ信号とディジタル信号とがあります。センサの多くはアナログセンサのため、アナログ量の連続的な信号を出力します。アナログ量は直観的に状態を把握できる代わりに、データとして長時間保存したり、通信で遠距離に伝えるのが困難です。ディジタル量は符号ですから、符号として記録や検索、遠距離伝送が可能です。

ＩｏＴ社会では、アナログ量は扱いにくいので、すべて1か0のディジタル信号として符号化します。アナログ量のディジタル信号への変換は、アナログ／ディジタル変換回路が実行します。回路には変換専用の集積回路が使用されます。

アナログセンサの中には、検出対象が、あるレベルより高いか低いかのみを出力するものがあり、オン・オフ型センサとも呼ばれます。連続的な細かい出力は不必要だからです。オンかオフかを1または0に対応させれば、ディジタル信号になります。

イベント駆動の信号としてスイッチが使用される場合、オンかオフかのいずれかの状態なので、オン・オフ型センサと同等です。

ディジタル情報はメモリに保存され、また、必要に応じて引き出されて利用されます。これらの情報の検索や比較などが高速で実行できるのがディジタル変換の利点です。

情景や顔のような画像情報もディジタル情報に変換されます。画像を色や明るさを持つ多数の点、これを画素と呼びますが、画素の集合と見なします。色や明るさ、さらに、画像の中における画素の位置などをディジタル化した数値で表示し、ディジタル符号化されます。文字は1字ごとにディジタル符号が決まっていますが、手書きの文字では画像として処理される場合があります。

要点BOX
- IoT社会では情報をすべてディジタル量として符号化して処理する
- ディジタル変換すれば情報を高速に処理できる

アナログ情報とディジタル情報の比較

	アナログ信号	ディジタル信号
信号の性状	物理量で表現、 電圧、電流など	符号
量的な表現	物理量の値を 10進数値で表現	2進数値で表現、 10進数値に変換可
連続か離散的か	連続的	離散的、不連続
記録	紙などに記録、 物理量の記録は困難	2進数値で記録、 10進数値に変換可
検索	機械検索は困難	コンピュータで容易に 実行可能
演算	高速処理は困難	コンピュータで容易に 実行可能
伝送	大量データの伝送は困難	大量データを高速で 伝送可能

インターネットはディジタル情報しか受け付けませんし、記録、演算、伝送など、コンピュータの力を借りるとアナログ情報では実現できないことが実現できます。センサの出力がアナログでも、すべてディジタルに変換して扱われます。

画像のディジタル情報化

ヒトの眼の画像の一部です。

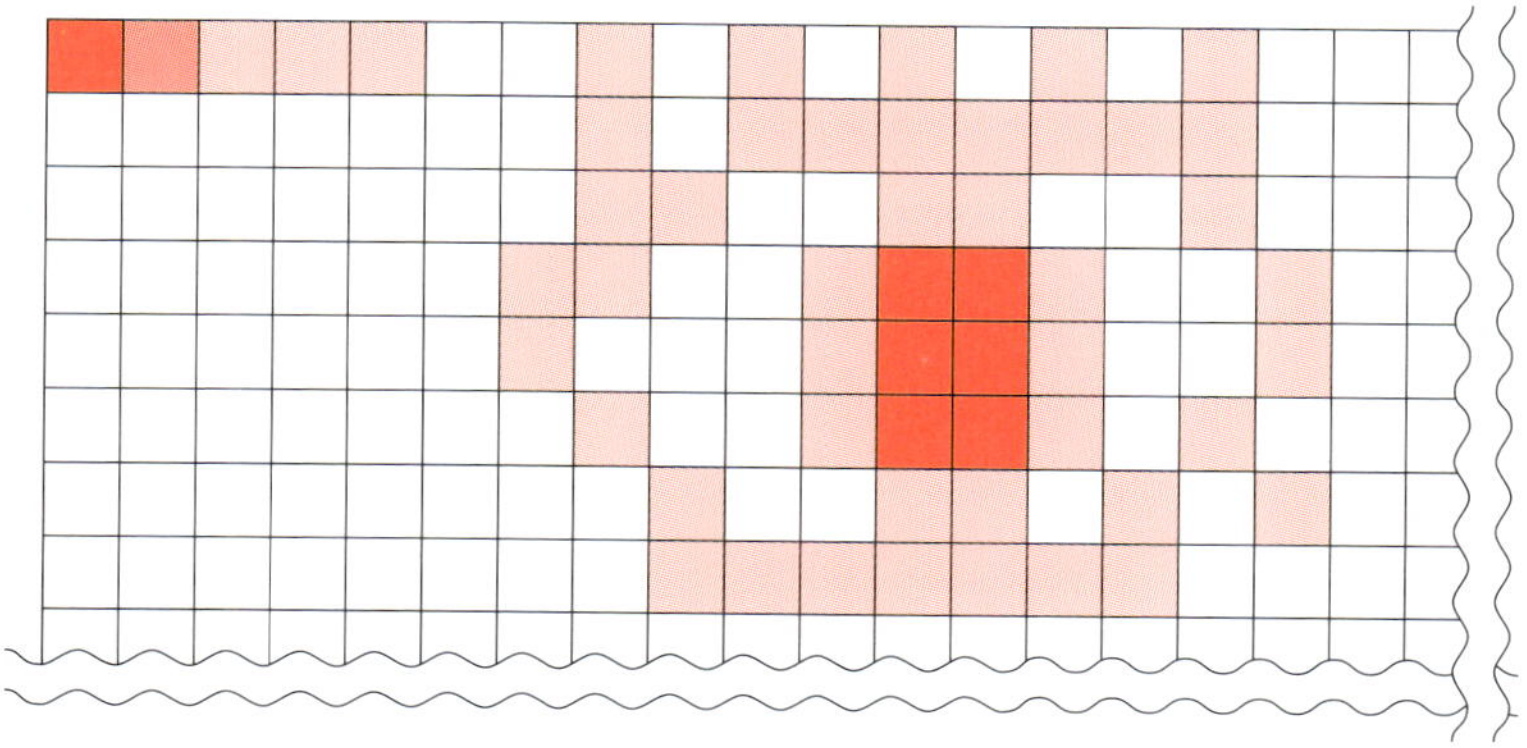

上の格子が1つの画素になります。タテ1000個ヨコ1000個とすると100万画素になります。スマホのカメラでも1650万画素ですから、画像を記憶させるには大容量のメモリが必要です。

17 パターン情報の認識と処理

モデル化技術の進歩

社会で表れる情報はアナログ情報や符号化されたディジタル情報だけでなく、形が意味を持つパターン情報と呼ばれるものが多く使われます。パターン情報には、前述の画像情報に加えて、音声情報も含まれます。音声も音圧の時間的な変化のパターンとして処理されるからです。

IoT社会では、情報が人間だけでなく、コンピュータのような機械によっても認識されなければなりません。パターン情報を認識するのは人間は容易ですが、機械にとっては困難でした。その理由は両者の情報処理の仕組みが全く異なるからです。

人間はパターンの全体的な特徴に着目し、次に個別や細部の特徴に注目して認識します。機械は全体の特徴を把握するのが苦手です。複数の部分的な特徴の組み合わせとして認識します。しかし、機械によるパターン情報の処理技術は急速に進歩しました。人の顔や音声のようなパターン情報を機械に処理させるために、部分的な特徴の組み合わせをつくり、それが対象を認識するモデルとして構築されました。これによって、限られた数の数値情報で顔の特徴や音声を機械が速やかに認識できるようになりました。

実際には対象となる顔や音声を機械に学習させ、それと被検者との一致により認識します。機械が速やかに認識するための特徴の選び方、それによる対象のモデル化技術が進歩したのです。コンピュータは多数のモデルを記憶し、人間の遠く及ばない高速度で比較して最も近いものを選択します。

パターン情報は通常は二次元パターンですが、三次元の場合にもここで述べた考え方を拡張可能です。すなわち三次元パターンを細かな要素に分けて、その特徴となるデータをディジタル情報で表現します。当然次元が増えたために情報量が大幅に増加します。

要点BOX
●コンピュータのパターン情報の認識と処理技術は急速に進歩している

パターン情報の扱い

パターン情報は画像や音声の様に空間的な広がりや色彩、音声では、時間的な変動が特徴の情報です。

かつてはコンピュータのような機械はパターン情報の処理が苦手でしたが、人間とは異なる認識手法が開発されて、元来はアナログ情報のパターン情報もディジタル情報化されて扱われるようになりました。

その結果、画像では空間的なサンプリング、音声や音楽では時間的なサンプリングされたデータの明るさや色、音の大きさがディジタル符号化されて表現されます。どのくらいの空間的な密度や時間的な密度でサンプリングすれば、画質や音質の劣化を感じないか、これを決めるのが、第5章で詳しく述べるサンプリング定理です。

画像では、特に顔の目鼻立ちのような部分は、きめ細かくサンプリングしないと正しく伝えることができません。新聞や雑誌に出ている人の顔写真を2倍ぐらいに拡大すると、画面がざらざらした感じで表情がわかりにくくなります。これらの画像は格子模様の中に色がついた点があり、その点の大きさが画面の明るさに対応しています。

人の動きをパターン情報で認識

対象の特徴を利用して対象の行動を認識します。
人物を首の動きと足の動きのみに単純化し、動きを判断する手法です

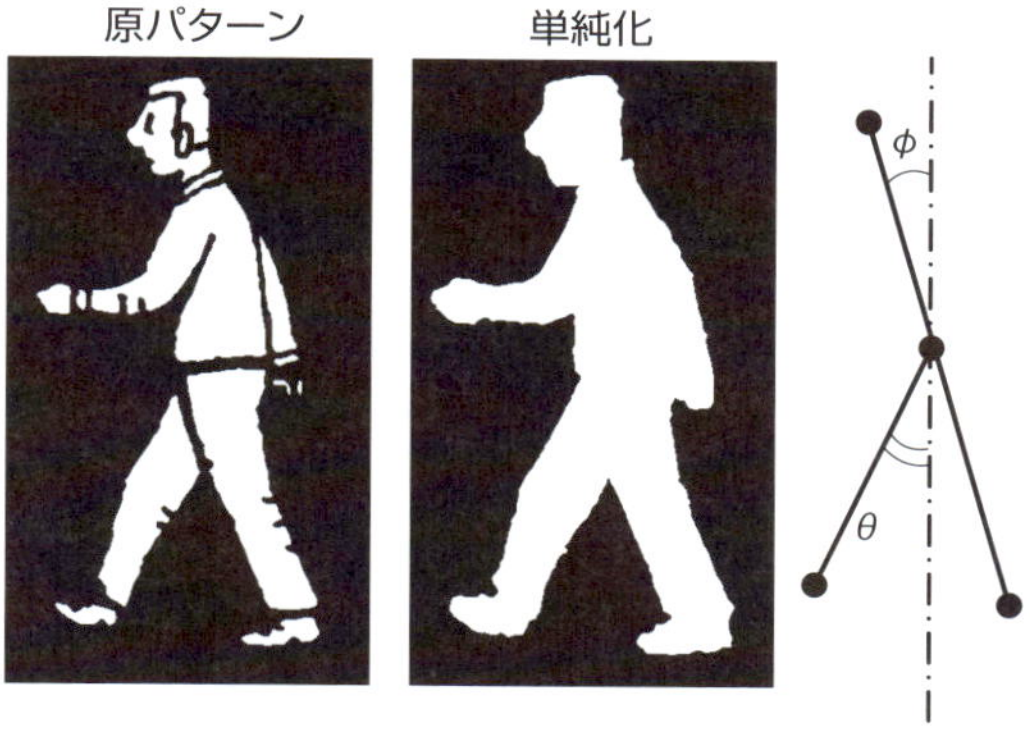

右のように簡略化したモデルを使います

人の動きを首の角度ϕと足の角度θの時間変化として行動を認識します

足の動きを角度θの時間的変化でとらえます。

首の動きを角度ϕの時間的変化でとらえます。対象が走っているか歩いているかをグラフから判別できます。

走っている時と歩いている時では歩幅が変わります。

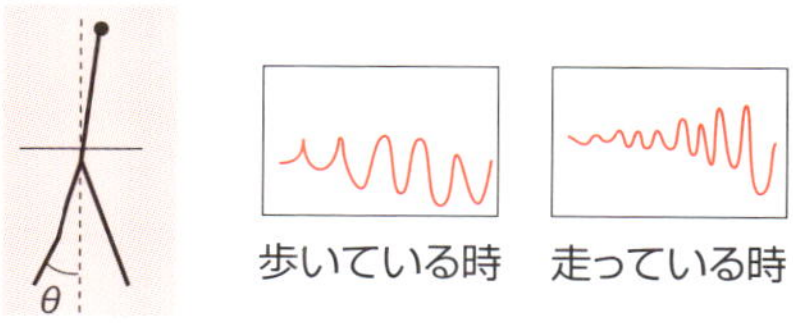

首の動きをしらべると走っている時は前に傾いていることがわかります。

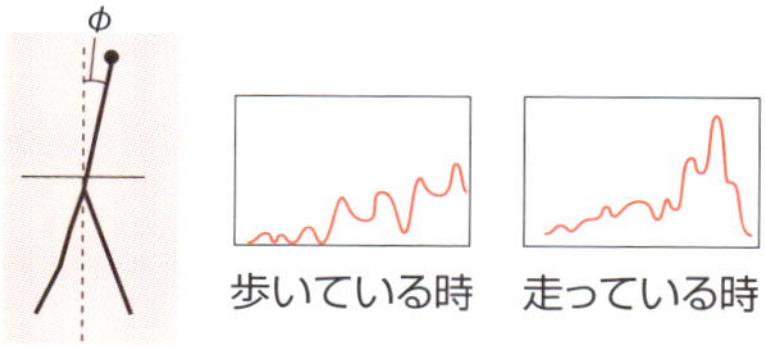

出典:Real.time Human Motion Analysis by Image Selection,H,Fujiyoshi,J.Upton, T.Kanade 4th IEEE workshop on Application of Computer Vision

18 対象識別のための情報処理

監視カメラの認識技術

機械が対象を認識するためには、対象の特徴を選び、コンパクトに表現したモデルが構築されねばなりません。人の顔であれば、両眼の距離や唇と鼻の距離など、数値化しやすい特徴が選ばれます。顔認識の技術は、前述したように、いかに少ないデータ量で顔の特徴を記述するモデルを構築できるかにより優劣が決まります。

ここで、保安上施設に立ち入れる人を限定する必要があり、その入り口に顔認証の識別システムを設置する場合を考えます。

識別のためには、入室を許可される人たちの顔をモデル化して手本となるデータとしてコンピュータに学習させます。識別システムは学習したデータと識別する人のモデルと比較して立ち入りを許可するかどうかを比較により決定します。顔のようにデータ量の多い対象の比較には時間がかかります。特徴を比較して、同じか同じでないかの単純な判定を多数回繰り返す操作は、人が実行すれば大きな負担で時間がかかりますが、コンピュータは単純な比較を、人よりはるかに高速度で実行できるのです。

近年町や建物の中に監視カメラが目立ちます。不特定多数の人たちが監視されています。店の中で、犯罪が起きたとき、その犯人の映像を学習データとして地域の監視カメラの画像の中から犯人の画像が捜索されます。

犯人の顔だけでなく、着物や、持ち物なども特徴として利用されるため、多数の監視カメラに映されている人や車などの特徴を利用して、対象を絞り込む技術が急速に進みました。

プライバシーを侵すという批判がある一方で、監視カメラの存在が社会の安全に大きな貢献をしている背景には、認識技術の高度化があります。イベント駆動のＩｏＴ社会では個人の行動が社会に影響するので、対象認識と識別は常時実施されます。

要点BOX

- 対象識別にはモデル化が必要
- 監視カメラの効用は高度な認識技術が支えている

色を特徴とした人物の追跡

カメラの画像の中の色も特徴です。
色も数値化して特徴として利用します。

人物追跡に使う特徴として色を活用します。RGBの空間を27個の小空間に分割し、対象の色彩を空間に割り振ることで追跡します。

参考文献：安心・安全のための画像認識技術　出口光一郎
日本学術振興会産業計測第36委員会400回記念シンポジウム

19 クラウドデータの活用

クラウド能力にふさわしいビジネス

大量のデータをいかに効率的に処理するか、これがIoT社会の構築にかかわる基本的な問題です。見方を変えれば、情報処理の資源（リソース）をどのように配置すれば最も効率的かという課題です。

ある特定の問題が、狭い地域や限られた社会組織にかかわる場合は、データをクラウドに伝送して、クラウドで処理する必要はなく、組織内で、例えば、エッジ、あるいはフオッグ・コンピューティングで処理した方が合理的です。そのためのツールや規範あるいは基礎データなどが、ほかの地域や分野でも利用可能ならば、クラウドに保存し、随時それらの情報資源を活用すればよいでしょう。

クラウドの大きな情報容量や強力な処理能力を効率良く活用するために、限定された地域や分野の処理はクラウドより下層で実行し、その支援をクラウドの資源が果たす形が合理的です。クラウドに保存し、その能力を活用するには、広くかかわる社会的な規範や知識ベース、広く活用可能なデータベースなどのビッグデータを置き、十分に活用するのが望ましいと思います。これらを決定する原則は、時間と空間が有限で、データの移動にもコストがかかる制約のもとで、情報資源を最も効率良く活用するための選択です。

クラウド資源の活用として、望ましい実例をあげれば、医療を支援する人工知能として知られているワトソンや、グーグルマップのような地図データ、IoT社会の安全を保持するセキュリティの機能などが考えられます。

また、リソースの共用のほかに、クラウドにあるコンピュータの能力を任意の場所からアクセスして使用可能なので、能力の拡張が可能なことも便利です。

要点BOX
●クラウドの処理能力を生かすIoTビジネス戦略が必要

クラウドデータの活用

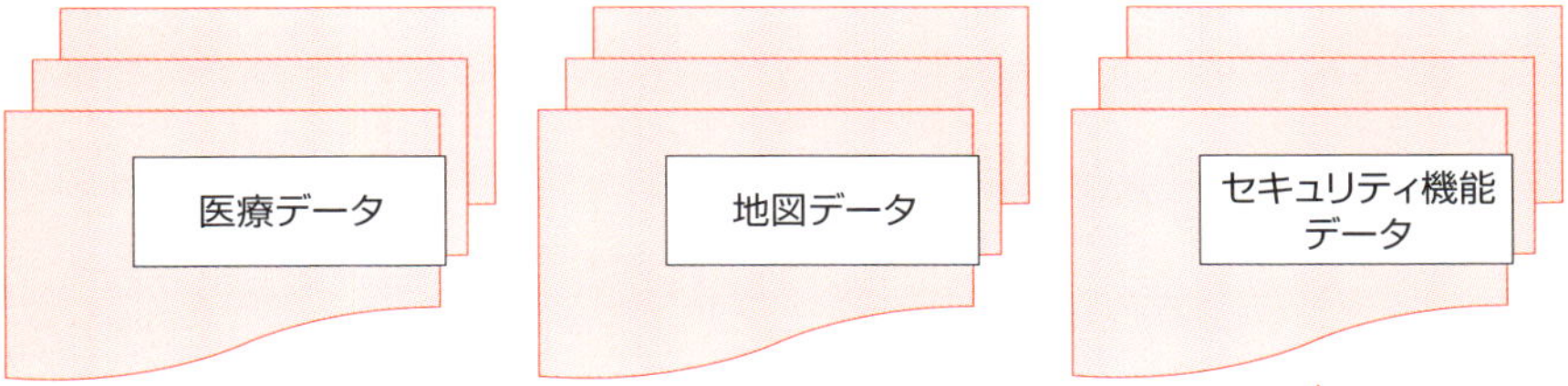

上記2種類のデータの相関を求め、もし、相関があれば疾患と地域との関係が出てくることがあり得ます。また、逆に健康な地域も明らかになります。

任意にアクセス可能

医療データであれば、症例データや医療支援情報など、広く社会に共通で利用可能なデータを集中し、クラウドの高速大容量処理能力を活用して、データを有効に活用します。

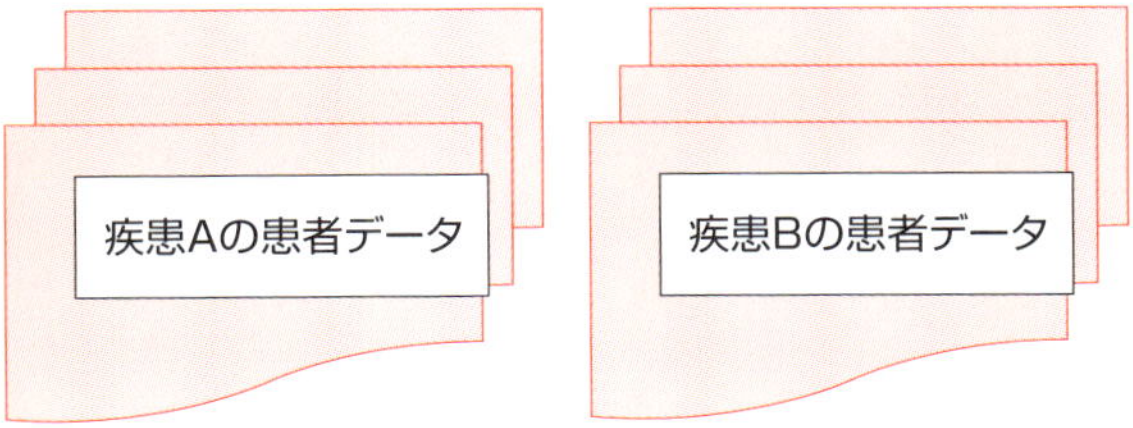

疾患Aと疾患Bの患者データの相関を調べると両者に相関があることがわかりました。従って疾患Aにかかった人は疾患Bにもかかりやすいことが結論されます。逆相関の場合もあり得ます。

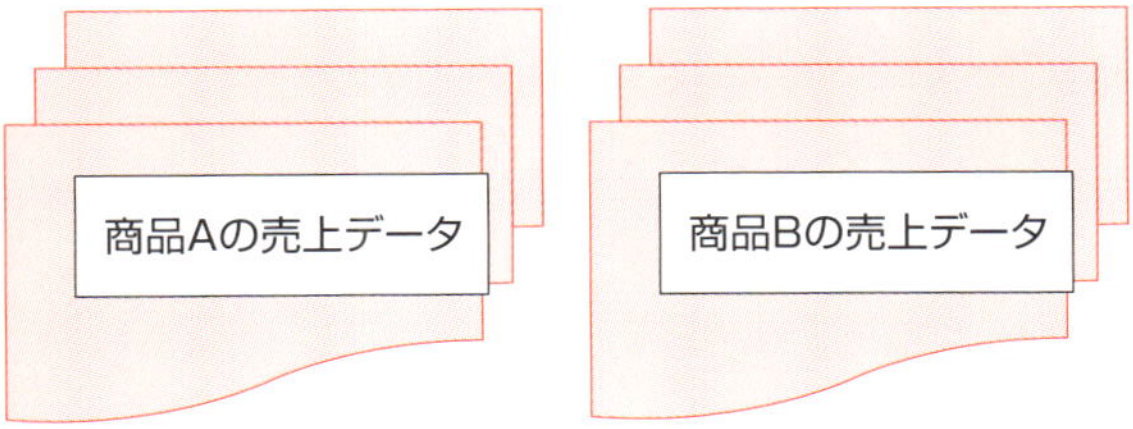

スーパーマーケットにおける商品Aの売上データと無関係の商品Bの売上データの間の相関を調べると、無関係のAとBとの間に相関があることがわかりました。実例ですが、「おむつ」の売上と「ビール」の売上に相関が認められました。理由は「おむつ」を買うように依頼されたお父さんが、ついでに「ビール」を買って帰る例が多いからだそうです。

2つ以上の異なる現象の間の相関を調べるためには、大量のデータが必要の上、処理にも大きな計算量が必要なので、クラウドの役割として重要です。

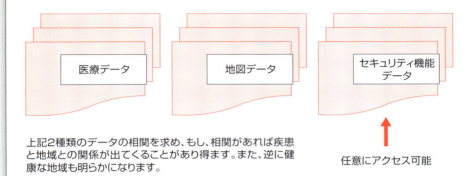

20 品質データの集積と活用

アメリカの企業の品質保証部長と会ったとき、自分のサインがなければ、会社は製品を一つも出せないと豪語しました。さらに、品質保証の組織は製造や販売の組織から独立で、製品を使用する顧客の立場でなければならないと述べていました。かつて高品質を評価された日本企業において、最近、検査の形骸化やデータの捏造が明るみに出たのは残念なことでした。その原因は多岐にわたりますが、生産に従事した作業者たちが心を込めて作れば不良は出ないとの信念の下で高品質が実現され、アメリカのような独立した組織の検査によるものではなかったからです。検査は利益を生むのでなく、コストを発生する部署と見なされました。また、製品の品質の技術や実データは公にされない暗黙知でした。

コネクテッド・インダストリー（つながる産業）をめざすＩｏＴ社会では、出所が明らかな品質データが暗黙知ではなく、形式知として共有される方向となり、産業の品質維持体制に変革が要請されます。つながる産業の中核となるビッグデータとして、重要で広がりのある品質情報が最適です。同じ業界の中で、複数企業で品質データを共有共用することから着手し、素材や原材料から小売りに至るサプライチェーンに沿って、川上から川下まで品質データを共有して活用する仕組みを構築することが必要でしょう。これにより品質データの根拠となるトレーサビリティが確保され、嘘がつけない仕組みができあがります。

また、ネットワークにつながるセンサを活用すれば、目に見えにくい基礎工事のくい打ち作業での手抜きが原因であった、建物の沈下や破壊などの事故も防止できるのではないでしょうか。このようにクラウドデータとして改ざんや後戻りができない仕組みを作り上げることで、品質が改善されるだけでなく、生産性の大幅な向上も期待できます。

要点BOX
- ●産業の品質維持にIoTが活用される
- ●品質が改善されれば生産性も向上する

品質データの集積と活用により日本産業の品質向上をねらう

- 同じ業界の中でデータをクラウドに品質データなどを共有する仕組みをつくる。
- サプライチェーンに関連する企業が品質データをクラウドに共有する仕組みを構築する。

類型例1　業界内

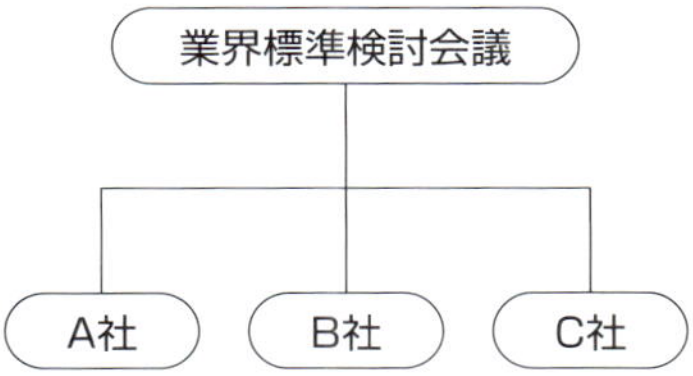

同じ業界内でデータ活用

類型例2　サプライチェーン

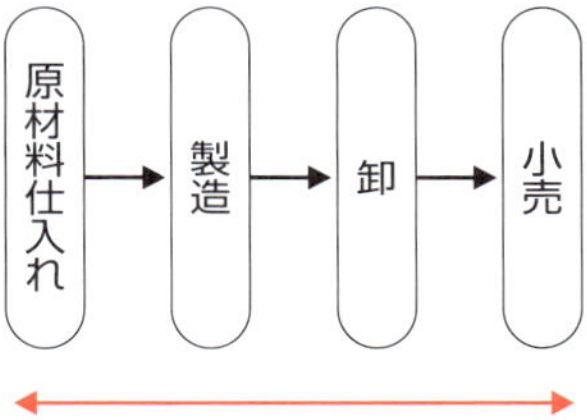

川上から川下までデータ活用

- データベースは企業で構築するが、そのデータをクラウドに収容し、別の企業と共用する仕組みを構築する
- つながる産業の推進過程でデータをクラウドに共有し、共用する仕組みを構築する

類型例3　仮想的な共用

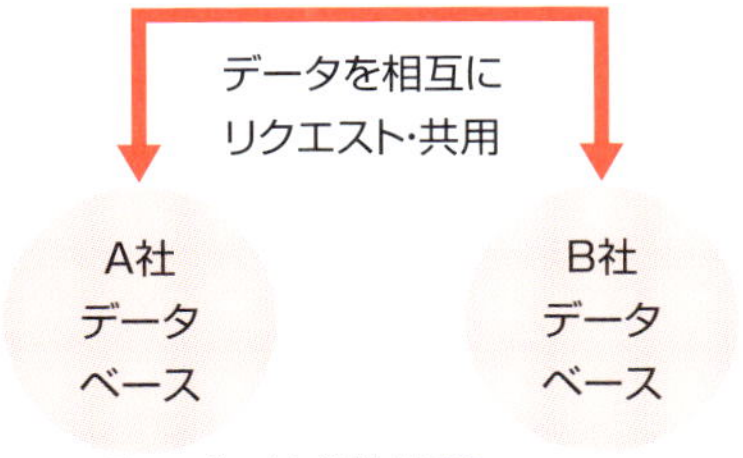

※サーバーは分散処理

類型例4　実態的な共用

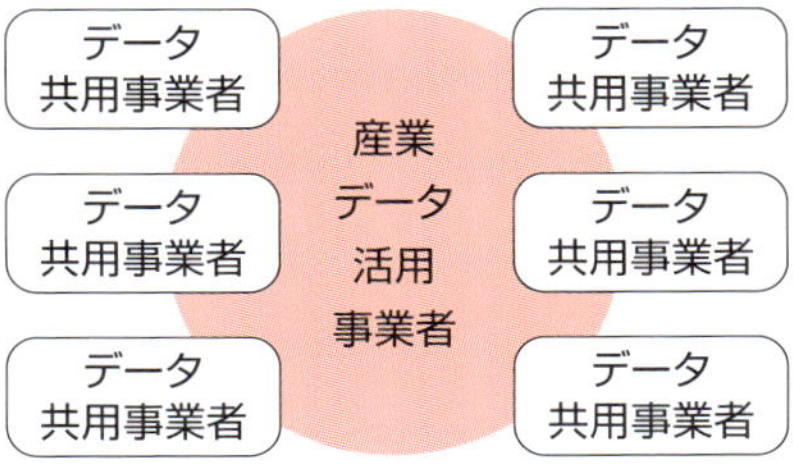

経済産業省 HP 2017.12.22から抜粋

第3章　まとめと補足

クラウドに集積されたビッグデータをどのように活用するかを説明するのが本章の役割です。

そもそもＩｏＴ社会では、なぜ情報がディジタル情報なのかに疑問を持たれるかもしれません。アナログ情報でも、検出、判断、制御を実行できますし、40年ぐらい前にはそのようなシステムが存在しました。アナログ情報の最大の弱点は記憶させるのが困難なことです。符号であるディジタル情報に変換するためにデータを記憶して高度で迅速な処理を実行するには、多量の情報を記憶できるディジタル情報でなければ実現しません。

クラウドにあるＩｏＴサーバーは大容量のデータを高速度に処理することが可能です。そこでは大量なデータの記憶が可能で、記憶されたデータを選択的に取り出す高速度の検索も可能です。

初期のディジタルコンピュータでは、画像などのパターン情報の処理が苦手でした。しかし、人のパターン認識とは異なる手法ですが、画像認識や音声認識が可能になりました。

画像データや音声データの記憶に大きなメモリー容量を必要とするため、高速大量のパターン情報の処理はクラウドで実行するのが効率的です。

クラウドデータの活用として携帯端末からの情報や広域に設置されたカメラやセンサ情報の中から共通の考え方や特徴を持つ対象を抽出する働きがあります。そのほか、地図情報やセキュリティが必要な個人情報に関する処理はクラウドで実行するのが効率的です。

世界一の品質と言われた日本製品に関するずさんな検査が、複数の企業で明るみに出たのは残念でした。その原因はいろいろありますが、生産時に注意すれば、不良品が出ないとの誤解で検査をおろそかにしたことでした。

共通のサプライチェーンにつながる複数の企業が、品質データを共有して、嘘がつけない開かれた仕組みを創ることが、ＩｏＴ社会の効用の一つと考えられます。

IoTはクラウドを活用する

つながる情報はすべてクラウドへ

↓

クラウド処理で新しい価値を創り出す

↓

価値を共有しよう

クラウドの機能活用

製品の検査データ

クラウドへ	門外不出
品質不良の原因解明	不良の原因解明が困難
原因解明 ↓	原因不明 ↓
対策	対策なし
品質不全の製品なし	不良品がでる

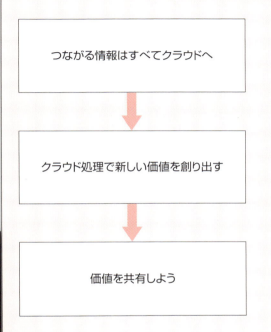

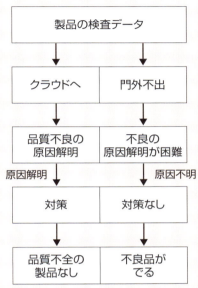

Column

ロングテール現象

　ある会社が売っている製品ごとに、売上げた総数を、数の多い順序に左から右側に配列すると図のような右下がりの曲線になります。この曲線はいろいろな事実を示します。例えば、売り上げが多い製品の種類は限られているとか、全体の売り上げにはほとんど寄与していない製品の種類が多いことなどです。

　この時、右の方に恐竜の尾のように長く、ゼロにならない部分をロングテールと呼びます。

　本屋のように店の面積や書棚の容積に制約があれば、売り上げの大きい商品を優先し、ロングテールの部分の商品を切り捨てることが合理的な選択とされてきました。

　インターネットは書棚の容積のような物理的な制約がないため、商品の数を拡大し、対象の客層を広げることができます。一言でいえば、ちりも積もれば山となるという戦略で、従来切り捨てられてきたロングテールの部分を扱うことで、全体として大きな利益を上げることができます。アマゾンやインターネット通販はこの原理を活用して新しいビジネスモデルを実現しました。

　この原理を寄付集めに利用する例もあります。

　誰でも10万円寄付してくれと依頼されれば、すぐに応じる人は少数でしょう。しかし、インターネットで10万人に100円寄付して欲しいと依頼すれば、応じる人は大勢いて、多額の寄付が集まるというわけです。

　この原理を利用して、投資を勧誘し、資金を調達するのがクラウドファンディングです。

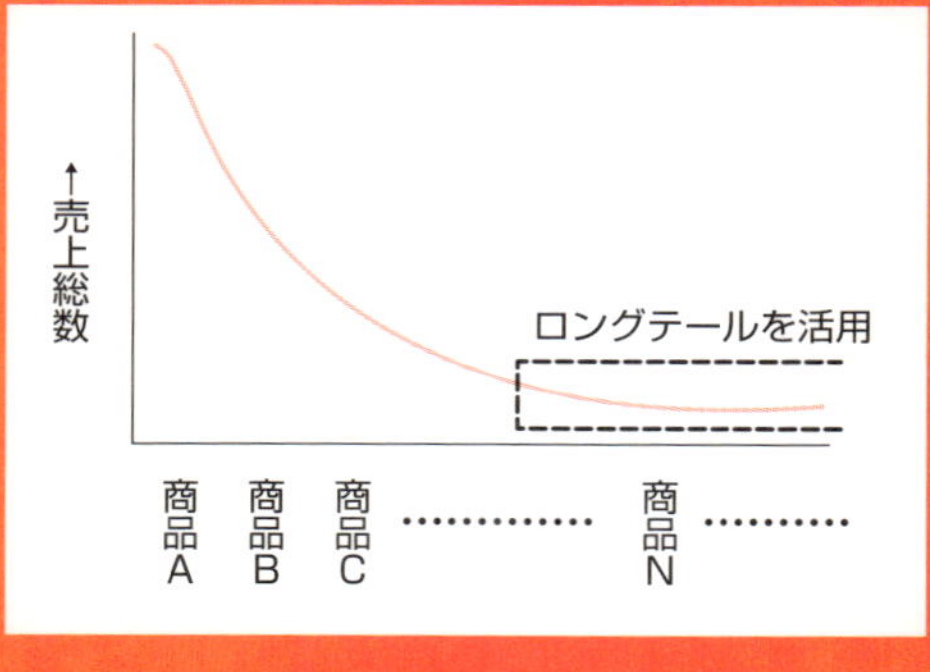

第4章

IoT技術の主役はインテリジェント・センサ

21 センサデバイスへのニーズ

IoT時代のセンサ

イベント駆動社会であるＩｏＴ社会では、多くの場合、情報の入り口はＩｏＴデバイスであるセンサです。社会事象の起点である多数のセンサ群に対するニーズをあげてみましょう。

第１に行動の起点となりますから、誤った情報は誤った行動に直結します。当然高い信頼性が要求されます。

センサデバイスは環境が良い場所に設置されるとは限らず、また24時間連続動作が要求されるので、厳しい使用条件の下で故障しない信頼性と頑健性とが求められます。

第２はネットへの接続性です。通常のセンサの出力はアナログ出力であり、インターネットを主とするネットワークはディジタル信号で動作するため、ネットに接続するにはアナログからのディジタル信号への変換が必要です。

第３の要請は非接触性です。多くのセンサデバイスは社会の状況を見守る役割を果たさねばなりません。そこで、要求されるのは、対象に非接触で情報を収集しなければならないことです。非接触であれば、検出対象の状態に影響を与えることがなく、また、対象に負担をかけずに情報を得ることができます。対象が人や動物、移動体の場合に特に必要です。

社会の状況が見守りの対象であれば、一つのセンサでより広い範囲の事象が検出されるために、検出の広域性と同時性の要請が満たされなければなりません。

広域性とは広い範囲の状況を同時に把握できる特性です。この要請を満たすにはセンサの検出が非接触で実行されねばなりません。

第４には24時間連続的な監視や信号検出が必要なため、当然消費電力が小さいことが望まれます。

要点BOX
- ●ネットに常時接続されるセンサへのニーズ
- ●対象には非接触が望ましい

センサデバイスへのニーズ

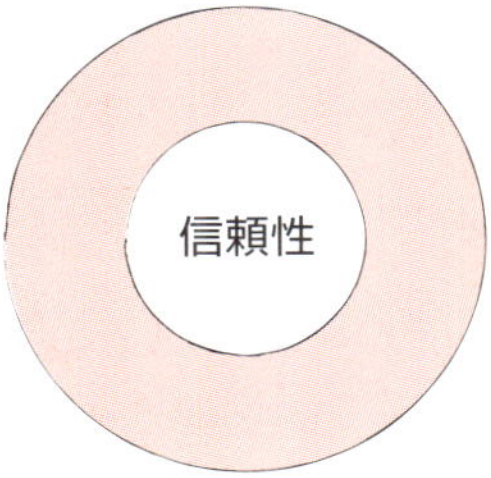
信頼性

IoT 社会への信頼性を左右します。

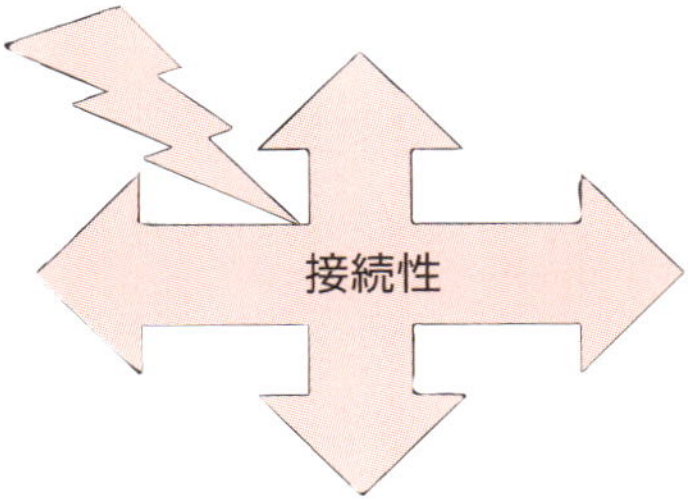
接続性

ネットへの接続性が、IoT 社会への対応の良否を決定します

非接触性

固定されたセンサデバイスが、人や移動体を検出するために必要な属性です。

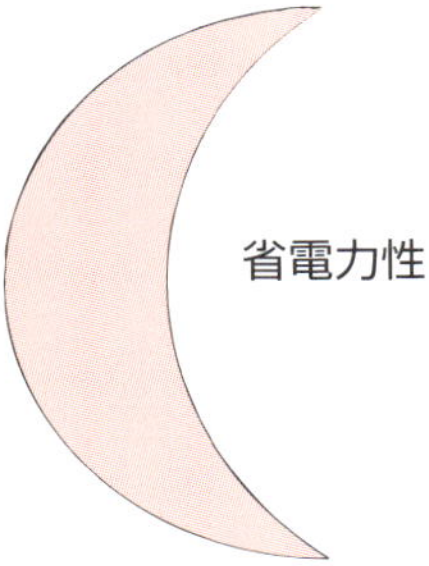
省電力性

設置する環境への負担を抑えなければなりません。

1．24時間連続動作の高い信頼性
2．ネットへの接続能力
3．対象への非接触が望ましい
4．24時間動作のための省電力性

22 ディジタル出力型センサデバイスの原理と構造

物理量センサ

　センサデバイスの原理と構造とを記述するのに、まずは出力に注目します。センサは千差万別と言われるほど種類が多く、用途によって系統的に類別することが困難です。しかし、出力信号に注目すれば、ディジタル出力とアナログ出力センサに大別できます。

　ディジタル出力信号の中で最も簡単なのは1ビットの信号です。オンかオフかの二者択一の形をとるので、オンオフセンサとも呼ばれています。システムを起動するかしないかの選択であることが多く、出力信号で直接起動されるスイッチでもあります。

　人あるいは機械により起動されるかに拘らず、スイッチがセンサデバイスとして利用できます。

　温度や圧力のようなアナログ量のセンサも、用途により決められた値を超えた際に、信号を出すセンサが多数使われます。信号が出力された際に実行方策が決まっている場合には、実行するかしないかの1ビットで十分だからです。

　回転する物体の角度や移動可能な対象の位置に関するセンサは、精密に計測する必要があります。1ビットではなく、マルチビットの場合、下図のような仕組みで回転角が7ビットのディジタル信号に変換されます。これを絶対値エンコーダと呼びます。

　位置や角度の絶対値を表示するしくみは図のように一番内側に最大の桁、外側に最小の桁の位置を示します。

　この他に現在値をメモリに記憶させて、変化分のみを計測する構成もあります。その場合は最も外側の最小の桁の変化を読みとればよいので簡単になりますが、変化の方向（増加または減少）を読みとらなければなりません。

注）センサの分類や個別のセンサの原理構造などに関する詳細は、拙著「トコトンやさしいセンサの本　第2版」などをご参照ください。

要点BOX
- ●ディジタル出力の基本はオンオフセンサ
- ●回転する物体の角度や移動可能な対象の位置に関するセンサには精密さが必要

ディジタル出力型センサの原理と構造

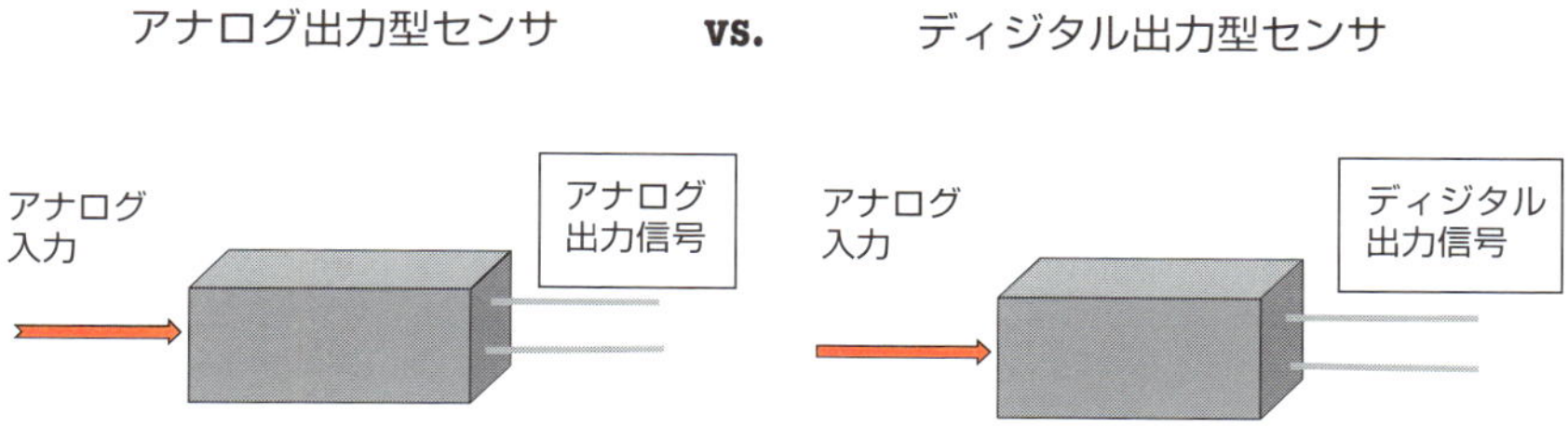

最も簡単なディジタル出力信号は1ビット、
電圧がハイかローか、またはオンかオフか、
システムを起動または起動しないか
の二者択一になります。

マルチビット（7ビット）角度センサの例

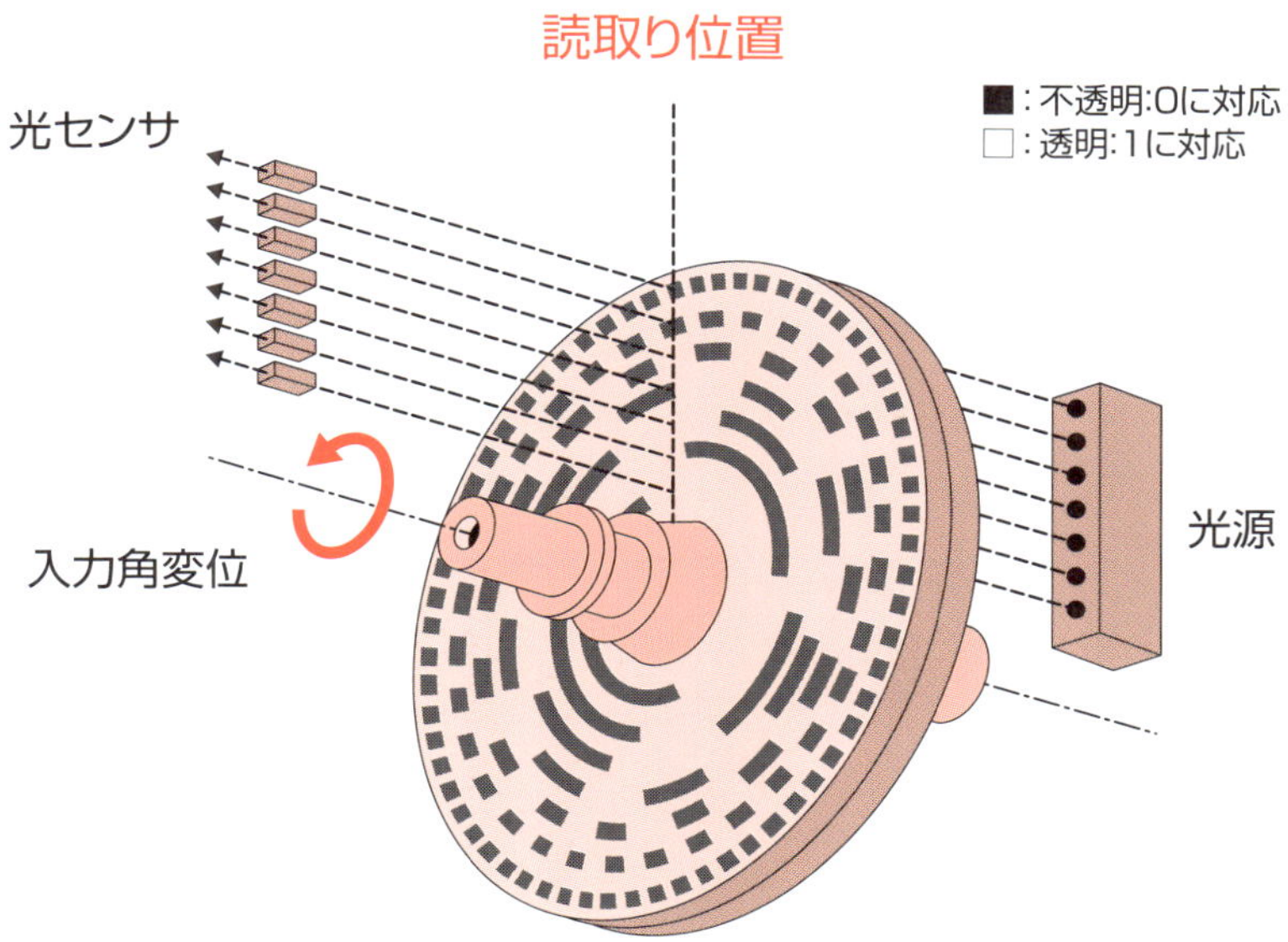

変化部分のみを読み取る方式は、増分形エンコーダと呼ばれます。
変化分の方向を読み取るには、90°位相がずれた2個のセンサを使用することで方向がわかります。

入力角変位が光センサ（各桁1ビット）の出力1110100に変換されます。

23 物理量センサのほかに化学量センサが必要

化学量センサ

センサを分類するには、出力信号の形で区別するのが合理的、と述べましたが、入力信号については、物理量と化学量とに大別できます。物理量は物理学の対象となる量で、温度や変位など、そこに存在する物質の種類によりません。化学量は、存在する物質の種類と存在する量や濃度を示す量です。

我々の社会では、そこにいかなる物質が存在するか、あるいは存在すべき物質の有無が問われる場合が少なくありません。

化学量センサは対象となる物質が何であるか、それに特化します。同時にその濃度を示します。体中を循環する血液は、多種類のイオンや酵素などを含んでいます。それらの成分や濃度が健康かどうかを示すカギですから、病院で採血した血液の分析に、多種類のイオンセンサや酵素センサが使用されます。大気中に放出される自動車排ガスや河川水などに含まれる物質は環境の健全さを示す指標ですから、一酸化炭素センサやイオンセンサを使用して監視されます。

車の車検時に提供される排ガス中の、一酸化炭素や未燃焼の炭化水素の濃度を示す分析値を見られたことがあるでしょう。

化学量センサは、検出対象の物質のみに作用し、高感度に検出するとともに、共存する他の成分の影響を受けない選択性が重要です。pHセンサやイオンセンサは、対象となるイオンの濃度に対応して、液体中の薄い膜の両側に電位差が発生する原理で検出します。膜は対象のイオンにより異なりますが、pHの場合はガラス薄膜です。

ガス漏れ検出など気体の成分分析を行う化学センサの動作原理には、半導体の表面電気抵抗や赤外線吸収量など、対象により特有の現象が応用されます。

要点BOX

- 化学量センサは対象となる物質が何であるかに特化する
- 目的の物質に対して感度が高い

物理量センサのほかに化学量センサが必要

物理量とは	力、変位、速度、加速度、温度、質量、光度など、物質によらない量です。 五感では、視覚、聴覚　触覚が関係します。 身近な物理量センサは変位センサ、温度センサ、磁気センサ、画像センサなど。 物理計測では物理量センサを使って計測しますが、物質の種類に影響されません。
化学量とは	物質の成分、濃度、pHなど、物質の種類に直接かかわる量です。 五感では、味覚、嗅覚が関係します。 化学量センサは目的の物質に対して感度が高く、共存する物質には影響されにくいことが要求されます。 身近な化学量センサは、pHセンサ、イオンセンサ、ガスもれセンサ、車の排気ガスセンサなど。 化学計測では、化学量センサを使用して複数の物質成分の混合比や目的物質の純度を計測します。

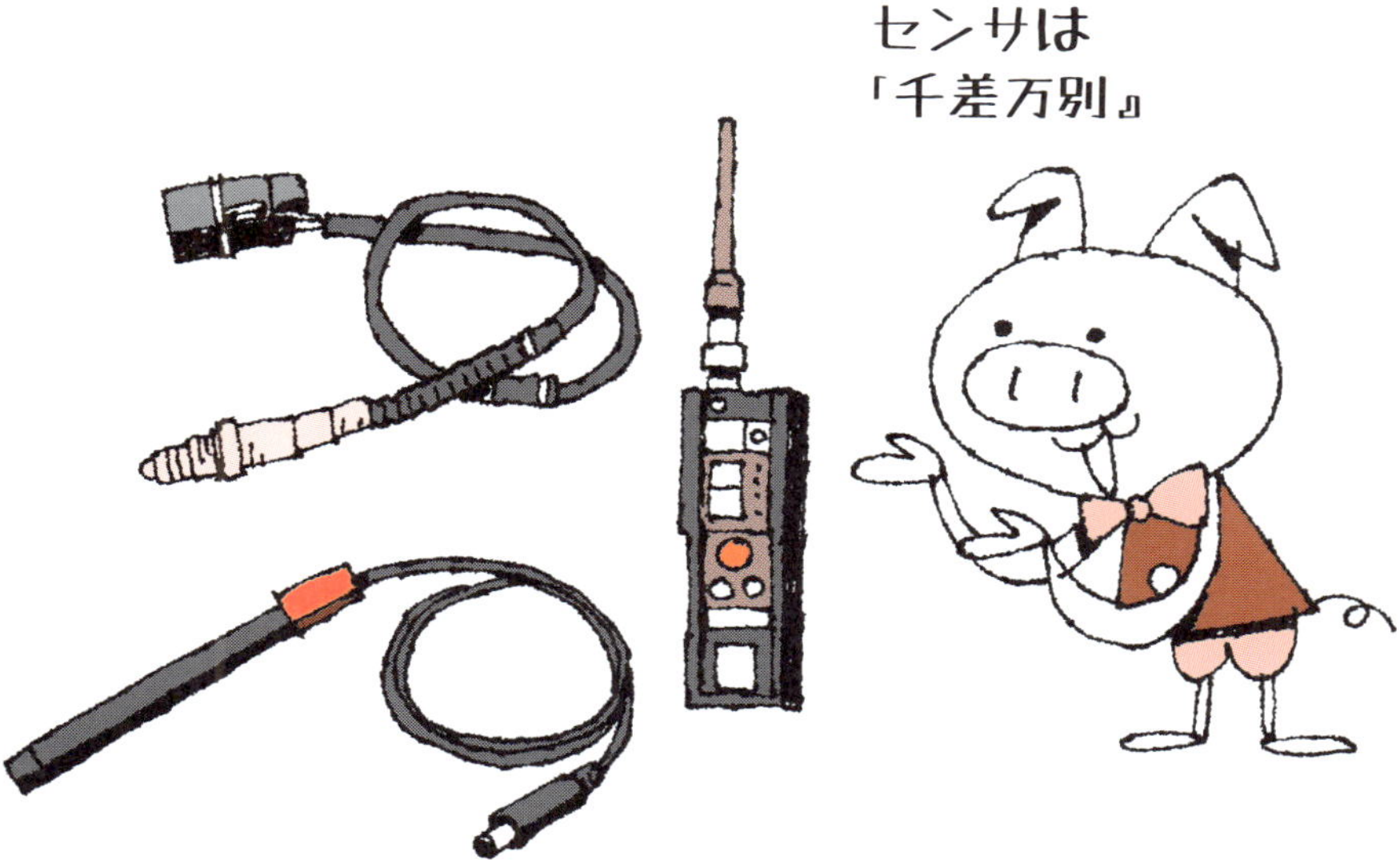

24 アナログ出力型センサデバイスの原理と構造

センサデバイス

構造物に過重負荷や劣化により変形が生ずる場合、感度良く検出するセンサとして、ひずみゲージと呼ばれるデバイスがあります。細い金属線を紙やプラスチックのフイルムに接着した構造で、金属線が伸びる方向に力が働くと、線の長さが伸び、断面積が減少するため電気抵抗が増加します。この変化を電気的に計測しますので、わずかな変位が感度良く検出できます。

周期表4族の元素シリコンを主体とする半導体は、周期表3族あるいは5族の元素を微量加えることで、その抵抗が外部の影響を受けやすくなるため、センサとして広く使用されます。例えば、光を当てると抵抗が減少し、磁気を加えると抵抗が増加します。この性質が磁気センサや赤外線センサとして利用されます。原理は化合物半導体の電流の運び手の数が光や赤外線の照射により増加し、磁界をかけると運び手と磁界との相互作用により電流の経路が迂回するためです。赤外線センサは、自動ドアの開閉や手を差し出すと水が出る蛇口において、人体から出る赤外線により人の接近を検出します。磁気センサは、磁気カードや乗車券の内容の読み取りに使用されます。赤外線センサが使用されるのは、人体の接近を非接触で知るためです。

道路渋滞などの交通状況は、超音波などの波動を利用して交通量を計測して表示されます。超音波を道路の上から路面に向けて発射し、道路上を走る車が超音波を遮断することにより交通量を非接触で検出します。

車の自動運転には、周囲の状況や車自身の状態を検出する多種類のセンサが欠かせません。代表的なのは、走行する前方や側方の状況を非接触で検出するライダーと呼ばれる一種のレーダセンサやイメージセンサです。対象のモデルを作り、その特徴量を検出するセンサデバイスを選択します。

要点BOX
- ●ひずみゲージデバイスは構造物などの変形を検出
- ●人を検出できる赤外線センサ

ひずみゲージデバイス

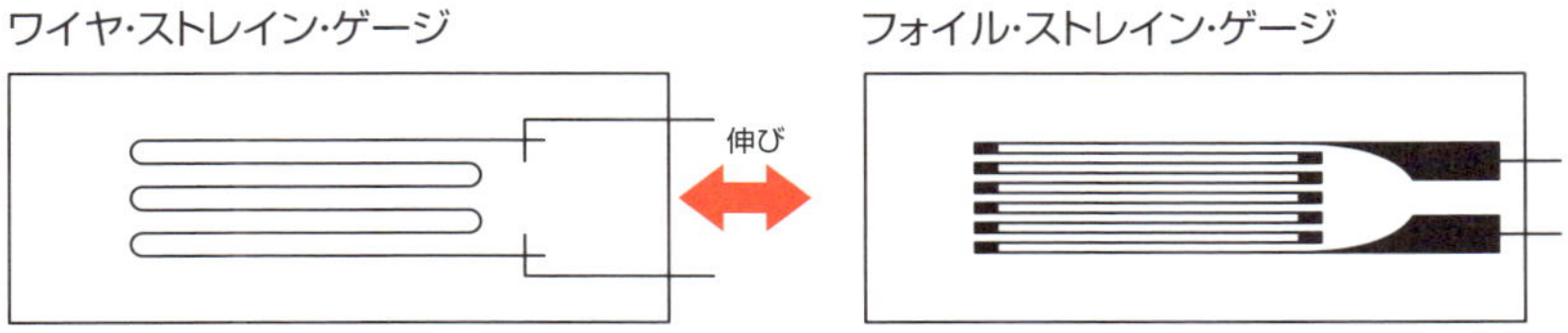

構造物や機械に加わる力により変形が生じると、微細なひずみでも抵抗への変化で検出できます。

焦電型赤外センサと増幅回路

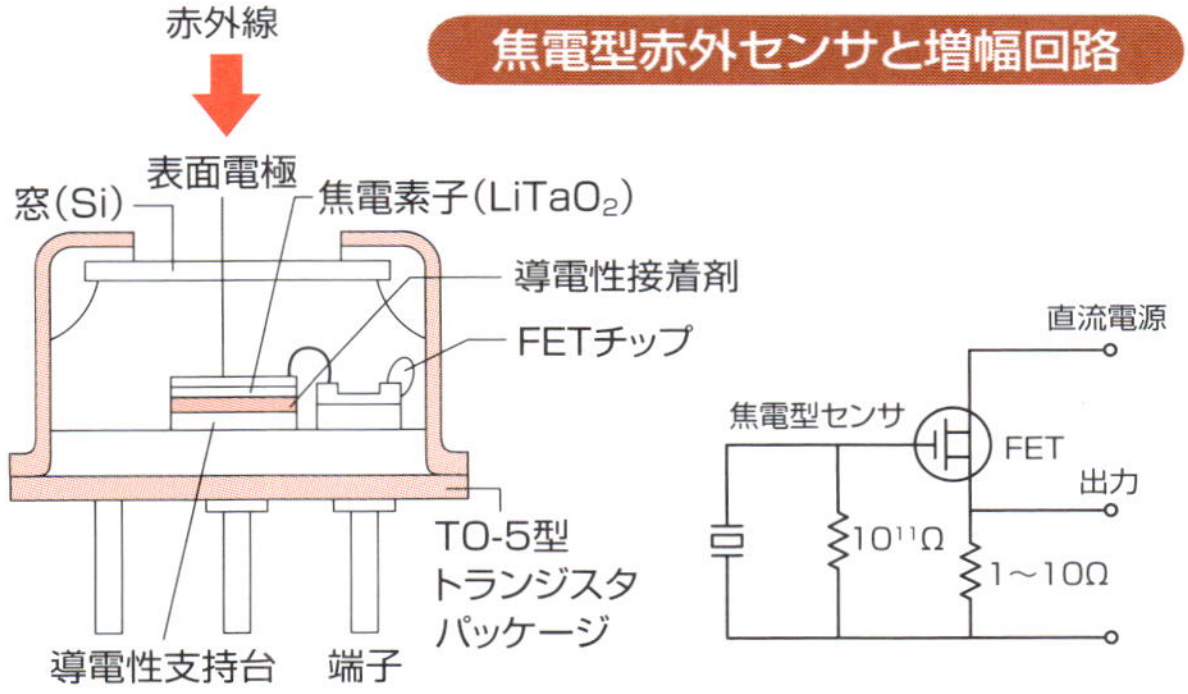

(a)構造(断面図)　(b)基本回路

赤外線が加わると、焦電素子に電位が生じ、それがFET(電界効果トランジスタ)で増幅されて出力信号となります。人体から出る赤外線に感じるので、人体への接近を非接触で検出します。

ホール効果デバイス

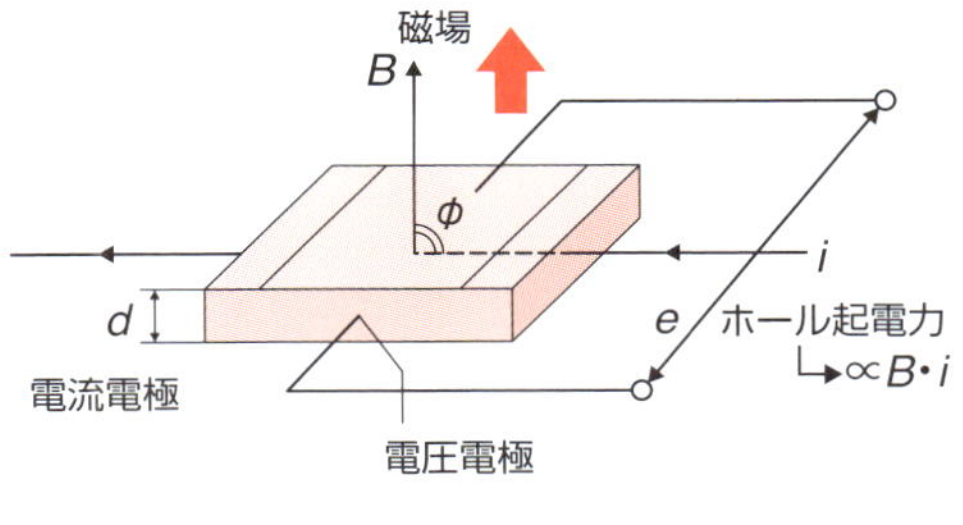

ホール効果や磁気抵抗効果は発生電圧(ホール起電力)や抵抗変化で磁場Bを検出します。

●ひずみゲージデバイスは社会インフラの変形や劣化を検出し、破壊を予知します。
●焦電型センサは人間の接近を人体の発する赤外線で非接触で検出します。
●ホール効果デバイスは磁気カードや乗車券の内容の読みとりに活躍しており、いずれもIoT社会では重要なセンサデバイスです。

25 センサの知能に対する要請

センシング・インテリジェンスの役割

センサの知能に要請される第1の能力は信号処理能力です。それはセンサが検出した情報の意味を理解することです。センサは対象の持つ特徴を手掛りに検出します。センシング技術は最も効果的な特徴を使って対象をモデル化し、その特徴となる量に応じて適切なセンサ・デバイスを選び設置します。センサが情報を得たときに、対象をモデル化した過程を逆にたどり、センサ情報が持つ意味を理解します。人の接近を人が出す赤外線でモデル化します。

オートドアの赤外線センサは日の出や日没による赤外線も検出しますが、人の接近による赤外線の強さの時間的変化が太陽光による赤外線の変化との早さの相違を利用して人が近づいたと判断します。ここに述べた例のように、出力信号は対象に関する情報を含んではいますが、それだけでは、対象の状況が確定できず、また、無用のノイズも含んでいます。対象に関する特徴を抽出するために、赤外線強度の時間的変化により信号とノイズを区別する信号の処理が必要です。センサ情報を離れた地点に送る場合、有用な情報のみを送信し、無用な情報を送らなくてすめば、信号伝送経路の負担を減らせます。人の感覚器官でも、神経の信号処理の一部を神経回路で実行し、脳と神経の負担を軽減しています。さらに対象の特徴に関する知識を活用した処理が実行できれば、センサが信号の持つ意味を正しく理解できます。

このような知能をセンシング・インテリジェンスと呼び、知能を活用するセンサをインテリジェント・センサと呼びます。

第2はセンサの環境に対する適応能力です。センサの環境変化をセンサが検知して、動作条件を変えたり、センサが自身の知能で機能の正否を判断できるようになれば、知能が高度化し、学習能力を備えたことで、環境の変化にも適応できるでしょう。

要点BOX
- ●センサの知能に要請される第1の能力は多くのデータを処理する能力
- ●第2は環境に対する適応能力

ディジタル信号処理の特徴

1. 多量のデータを短時間にメモリに記憶させ、長時間保持できる。
2. 多量のデータから条件にあったデータを短時間に検索できる。
3. 扱えるデータの数は途方もなく大きく、メモリの拡張も容易である。
4. 比較や検索ににかかる時間は途方もなく短い。

これらの特徴はデータがすべて数値であるために実現できる。
ディジタルコンピュータの記憶容量の増大と演算速度の向上により可能になった。

数値例:
10ビットのデータ100万個をメモリに100分の1秒で記憶させることが可能。
10ビットのデータ10万個から1個の条件に合うデータを100分の1秒で検索可能。

センシング・インテリジェンスの特徴

上記のディジタル情報処理の特徴をセンシングにおける信号処理に活用する情報処理能力がセンシング・インテリジェンス。

センサの出力信号が持つ情報の意味を解釈します。
人間が容易に実行可能な動作であるが、
それを人間よりはるかに高速度に実行するため、
多量のセンシングデータ処理が可能となり、
新しい価値を創り出す。

26 イメージセンサとディスプレイの原理と構造

イメージ情報を捉えるセンサ

ＩｏＴ社会ではイメージ情報が重要であるためイメージセンサが多数使用されます。イメージセンサやディスプレイではイメージである画像を明るさと色を持つ多数の小さな点画素（ピクセル）の集合と見なします。イメージセンサでは、微細なシリコンのフォトダイオードからなる光センサを多数配列して、光を検出し、光の強さに応じて得られる電子を順次読み出して位置に対応した電気信号に変換します。この信号は光の強さの空間的な変化が、時間軸に従い変化する電気信号となります。この信号がイメージセンサと同じ空間的配列を持つディスプレイデバイスに加えられると、再び光の点の集まりと変わり、元の画像が再現します。

画像の色彩は赤緑青（ＲＧＢ）の3色に分離する光学系あるいはフィルタで分割されてイメージセンサに入力され、それぞれ電気信号に変わります。表示はＲＧＢの近接する光点の集まりとして画像が再現します。一つひとつの光点は赤緑青ですが、接近しているので、テレビと同様に人の目には白色や中間色として認識されます。

イメージセンサやディスプレイデバイスでは画像は光の点の配列として構成されました、センサ出力は順次読みだされる光点の位置に対応する時間軸上に配列された電気信号で、それぞれの光点の明るさの対応した信号に変換され、伝送されます。ここに述べたような画像の構造化に従い、イメージセンサの出力信号は画像特有のデータ構造を持ちます。輪郭を強調したり、明るさやコントラストを変えるような画像の特徴を抽出する信号処理は、センサ出力が電気信号の状態で実行されます。

画像の画質を向上するにはピクセル（画素）の数を増やします。ディジタルカメラやスマートフォンのカメラに使うセンサでも一〇〇〇万画素を上回ります。

要点BOX

●多数の光センサでイメージをディスプレイに伝えるイメージセンサ

イメージセンサ(MOS形)のしくみ

垂直水平選択回路で選択されたフォトダイオードに、像により生成された電子がセンサ出力として増幅され、出力されます。

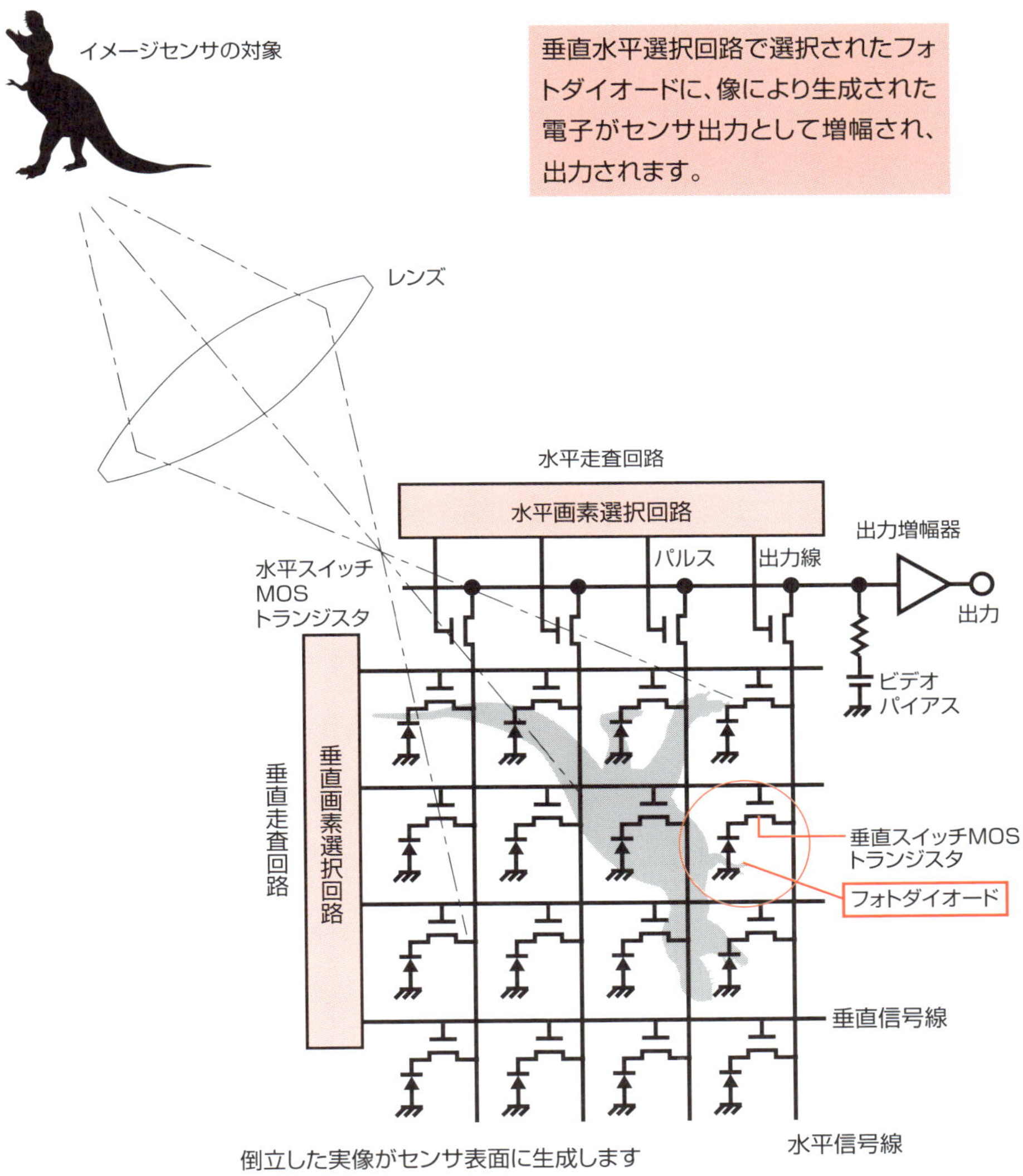

27 アナログデータのディジタル変換の仕組み

A/D変換回路

大部分のセンサの出力信号はアナログですので、IoTのシステムに持ち込むにはディジタル信号に変換しなければなりません。

変換はアナログ/ディジタル変換器と呼ばれる集積回路（IC）で実行されます。代表的な逐次比較型A/D変換器の動作を**図1**に示します。アナログ信号は直流電圧で0～1Vとし、8ビットのディジタル信号に変換される場合を考えます。アナログの0Vはディジタルの「00000000」に、1Vは「11111111」に対応します。図のように、アナログ電圧V_iは1クロックごとにレジスタの内容をアナログ変換するD/A変換回路の出力V_fと比較され、レジスタの内容を変更します。比較は最大桁から実行され、$V_i > V_f$ならば、レジスタ内容の1を保持、$V_i < V_f$ならば、その桁を0とし、比較を下の桁に変更しV_fを下げます。最少の桁まで比較を実行した時のレジスタの内容が変換されたディジタル信号です。アナログ入力信号はサンプル時点から変換終了まで値が変わらないように保持されなければなりません。

図2は二重積分型A/D変換器で、アナログ信号V_iの大きさに比例した時間幅に変換し、ディジタル信号に変換します。V_iを時間Tだけ積分すると積分回路の容量CにV_iに比例した電荷が貯まります。次に積分回路の入力を逆極性の基準電圧V_{ref}に切り替えて、Cを放電します。放電してゼロに戻るまでの時間をtとしますと、時間比t/TがV_iに比例するので、計数回路でパルス数に変換します。Tを任意に選べるので、電源交流周波数の整数倍に選ぶと、電源周波数のノイズは積分されてゼロになり、出力に影響しません。この変換回路はアナログ入力信号のT時間の積分値が変換され、V_iを保持する必要がありません。変換時間がかかりますが、ノイズに強い使いやすい変換器です。

要点BOX

●IoTシステムにセンサの情報を持ち込むにはA/D変換が必要

図1 逐次比較型A/D変換回路

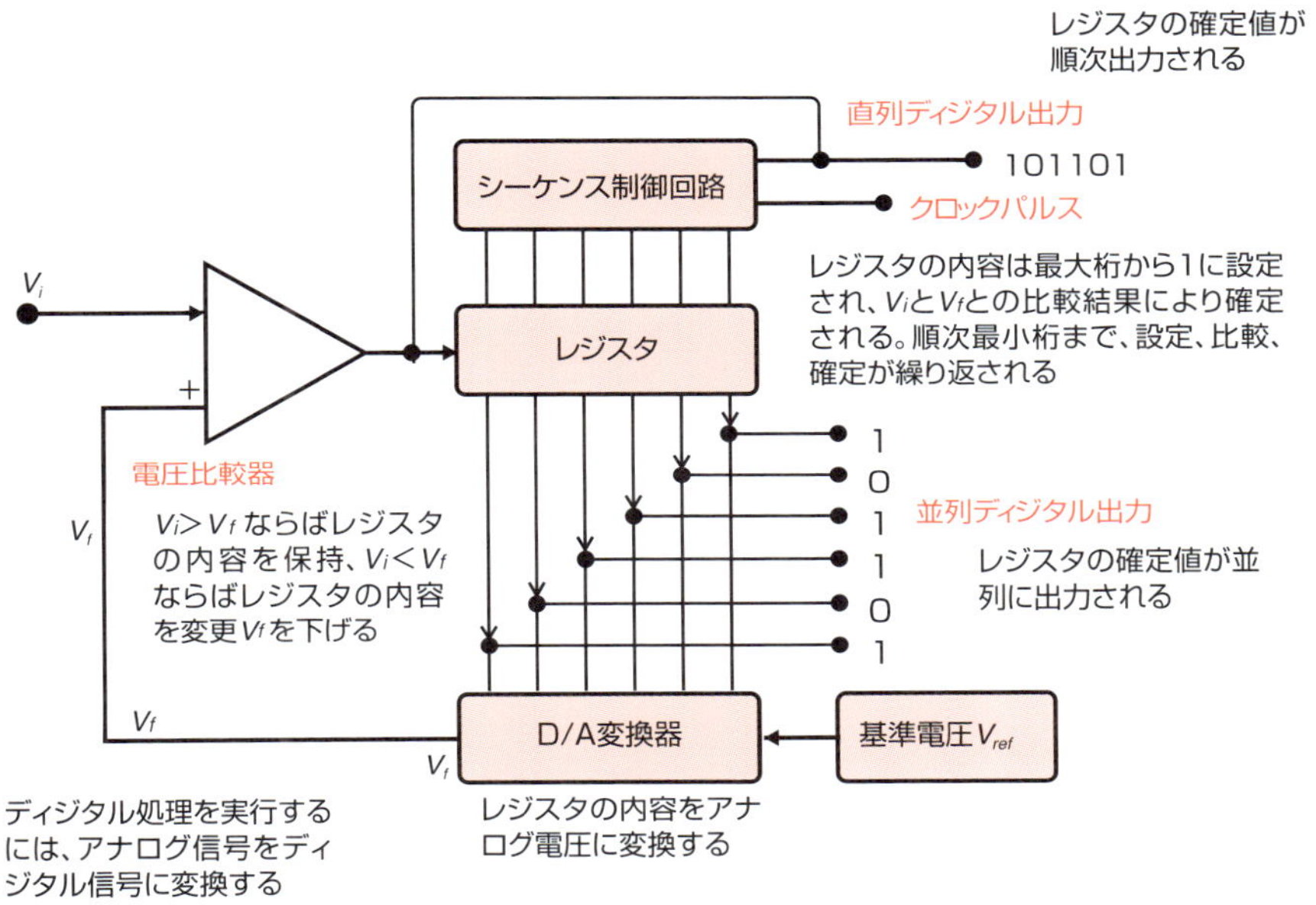
レジスタの確定値が順次出力される
直列ディジタル出力
101101
クロックパルス
シーケンス制御回路
レジスタ
レジスタの内容は最大桁から1に設定され、V_iとV_fとの比較結果により確定される。順次最小桁まで、設定、比較、確定が繰り返される
V_i
+
電圧比較器
V_f
$V_i > V_f$ならばレジスタの内容を保持、$V_i < V_f$ならばレジスタの内容を変更V_fを下げる
1
0
1
1
0
1
並列ディジタル出力
レジスタの確定値が並列に出力される
V_f
D/A変換器
基準電圧V_{ref}
V_f
ディジタル処理を実行するには、アナログ信号をディジタル信号に変換する
レジスタの内容をアナログ電圧に変換する

図2 二重積分型A/D変換器

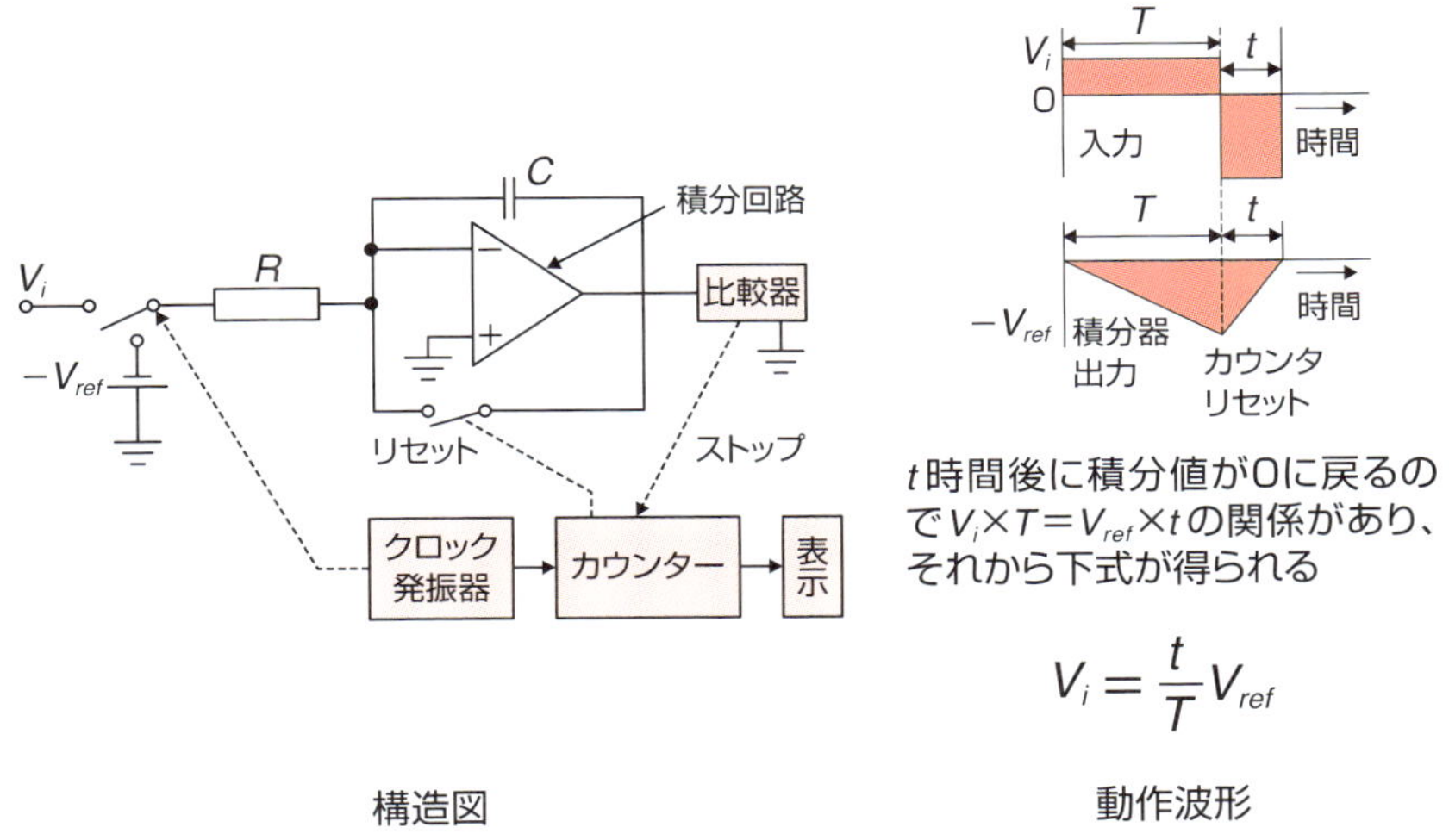
C
積分回路
V_i
R
−
+
比較器
$-V_{ref}$
リセット
ストップ
クロック発振器
カウンター
表示
T
t
V_i
0
入力
時間
T
t
時間
$-V_{ref}$
積分器出力
カウンタリセット
t時間後に積分値が0に戻るので$V_i \times T = V_{ref} \times t$の関係があり、それから下式が得られる
$$V_i = \frac{t}{T} V_{ref}$$
構造図
動作波形

第4章 まとめと補足

本章では、ＩｏＴ社会で情報の入り口となるセンサについて述べました。まず、センサに対する要求事項を示しました。通常センサデバイスの出力はアナログのため、Ａ／Ｄ変換回路でディジタルに変換します。標準的なＡ／Ｄ変換回路の動作を解説しました。少数ですが、直接ディジタル信号を出力するセンサがあり、便利に使われています。

センサには物理量を検出するセンサと成分や濃度を知るための化学量センサがあり、後者は環境や医療に関する状況を知るには欠かせません。それらの典型的な構造の例も示しました。

物理量センサの中で磁気センサと光センサとが最も多数生産されているセンサです。その次は温度センサです。

磁気センサは人が磁気に感じないことを利用して、カード読み取りなど、独特の用途が開発されており、気がつきにくいところで働いています。

光センサの中で、性能が大幅に向上したのはイメージセンサです。カメラやビデオカメラに使用されます、イメージ情報をディジタル情報として扱う手法が確立し、イメージセンサの感度や画質が大幅に進歩し、現在センサの中で生産金額がトップになっています。

センサの出力信号だけでは、信号が持つ意味がわかりません。センサが伝えようとする対象の状況に応じて意味を理解する知能が必要です。センサに付随する場合、センシング・インテリジェンスと呼ばれます。場合によっては、センサ信号に乗ってくるノイズを信号と区別して除く役割をも果たします。さらに、センサの機能が正常か否かを判断する機能を持つものもあります。インテリジェントセンサはセンシング・インテリジェンスを活用して人が何を望んでいるかを検出します。それが、ＩｏＴ社会において重要な人と機械との情報の接点の役を果たすことになります。

個人のスマートフォンやパソコンが、センサと同様にネット情報の入力端末であることはいうまでもありません。

センサの分類

■対象による分類

- 物理量センサ
- 化学量センサ

さらなる対象による分類は多すぎて不可能

■センサを出力で分類

センサ出力信号
- アナログ信号
- ディジタル信号

出力信号の伝達経路
- 専用経路
- 共用経路

（専用経路・共用経路）→ 有線／無線

センサ出力のエネルギーはどこから
- 検出対象から ― エネルギー変換型センサ
- センサ電源から ― エネルギー制御型センサ

センサの信号変換を支配する

物理法則
- 場の法則 ― 構造型センサ
- 物性法則 ― 物性型センサ

■化学量センサの物質選択性

- 対象物質の物性で他の物質の影響を排除
- 共存物質を前処理操作で分離して影響を排除

Column

エネルギー（エナジー）・ハーベスティング

イベント駆動のＩｏＴ社会では、センサは社会を動かす役割を担っています。そのために、センサは24時間連続で動作することが求められます。当然、電力消費が小さいことが要求されます。もし、センサデバイスが周囲から、あるいは検出対象からエネルギーを獲得できたら、設置された状況で、電力配線がなくても連続動作が可能です。ここでは、センサデータは無線で収集されると考えています。

　そのようなセンサの電力を獲得するための手法がエネルギー・ハーベスティングです。環境発電技術とも呼ばれています。今までに提案された具体的な手法は多数ありますが、温度の変化、人の歩行、交通機関の走行、電波などから物理的手段でエネルギーを得る手法です。まだ実用になったものはほとんどありません。太陽光や風力など、既に電力を獲得するために確立された手段は含まれていません。

　巧みな応用例として、ＩｏＴとは直接関係がありませんが、車のタイヤの空気圧モニタリング・センサがあります。車の走行に従い、周期的に働く荷重をエネルギー源として発電し、空気圧センサ出力を無線で発信する例は適切な例と思います。この技術はＩｏＴに限られるものではなく、広くセンサ技術の拡大に貢献できます。

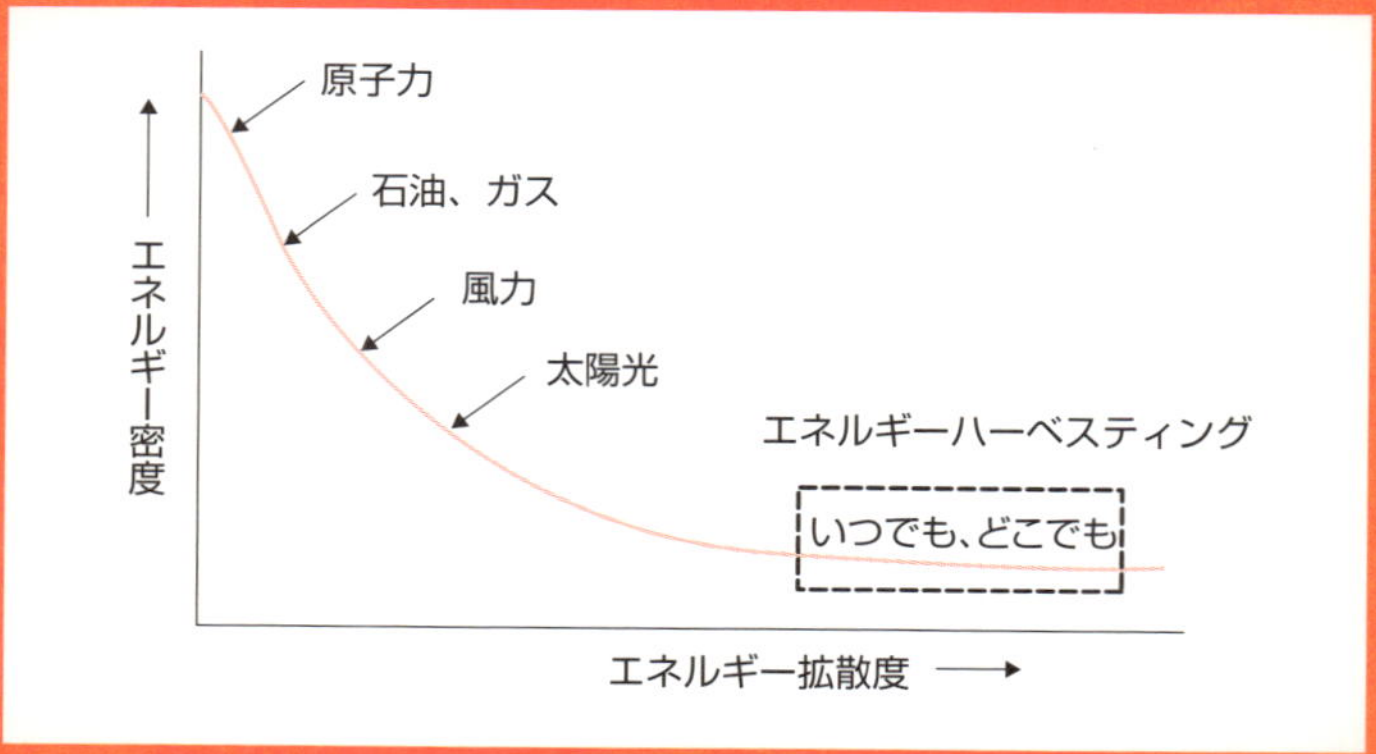

第**5**章

広域ネットワークの情報技術で重要なこと

28 データの代表性を支配するサンプリング定理

サンプリングデータの代表性

データが持つ情報は正しいか、私たちは常に意識しています。実世界は時間的かつ空間的にも連続です。アナログ情報は連続的ですが、ディジタル情報は離散的で、一定時間ごとに収集されたサンプル値です。また、センサが広域情報を収集していれば、センサが出力する情報は地域の状況の空間的なサンプル値です。時間的あるいは空間的なサンプル値が地域のその時点の状況を正しく代表しているかを、常に注意しなければなりません。

センサの出力情報が状況を正しく代表するように、センサの空間的な配置と時間的なサンプリング周期を決定しなければなりません（**図1**）。時間的に変化する対象を追跡するには、短いサンプリング周期でデータを収集し、空間的に多くのセンサを配置すればよいことは確かですが、コストがかかり、不必要な情報が増えてしまいます。最少数のサンプル値で代表させるのが得策で、その限界を決めるのがサンプリング定理です。

図2で示す時間変化データを考えます。信号の周波数帯域がF_h以下で帯域が制限されているとき、サンプリング周波数F_sを2F_h以上に選べば、サンプリングされた信号から元の信号を再現できます。F_sが2F_h以下であると元の信号は再生されません。

広い空間にセンサを配置して空間内の状況を把握するためには、信号の空間周波数F_hの上限の1／2倍より短い間隔でセンサを配置しなければなりません。もし、それより広い間隔で配置すると状況を完全に把握することができません。

時間的に変化が早い対象の情報を正しく獲得するには、時間的に細かいサンプリングが必要です。空間的にも状況の変化が激しい場所においては、センサを多数設置することが必要と定理は主張します。

要点BOX

●センサの出力情報が状況を正しく代表するように、センサの空間的な配置と時間的なサンプリング周期を決定する

図1　サンプリングデータの代表性

時間変化データ

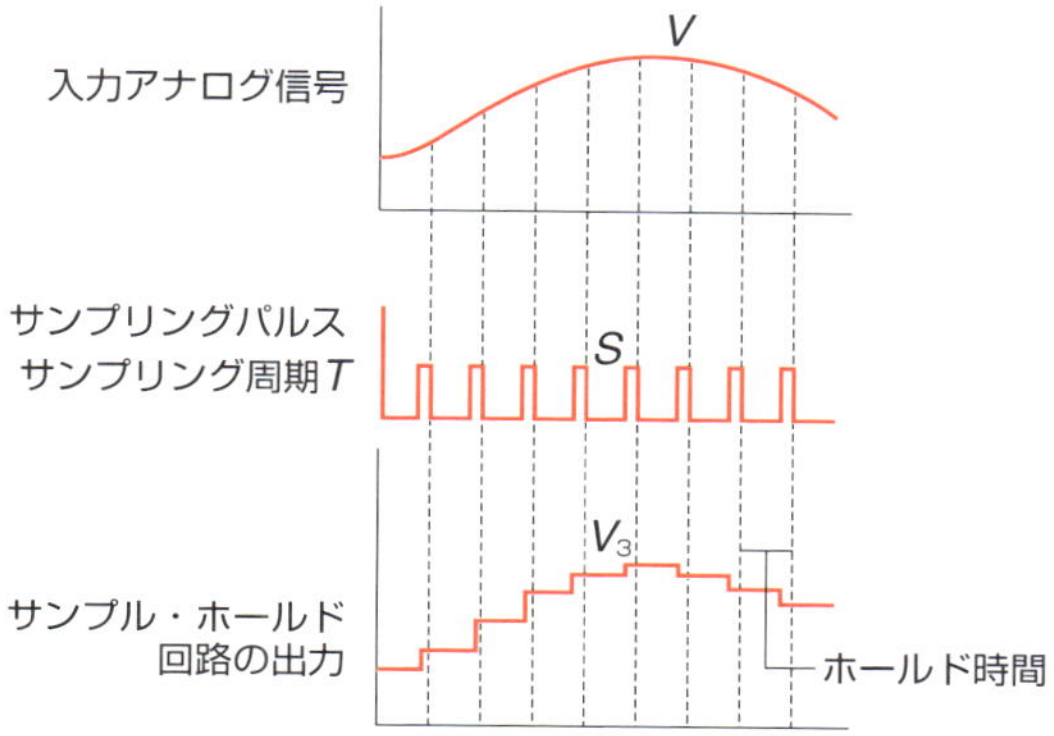

空間濃度分布

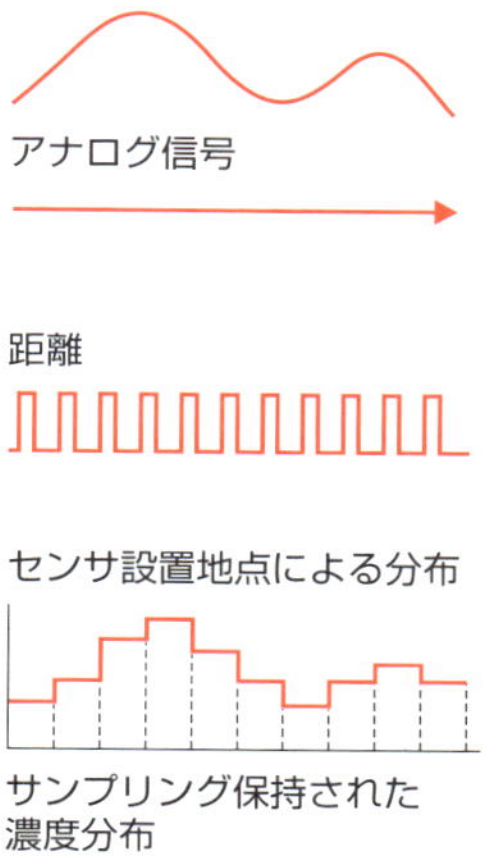

代表性は、サンプリングされた下の図の状態が、元のアナログ信号の状態や性質を代表しているかを問います。

図2　サンプリングデータのスペクトル

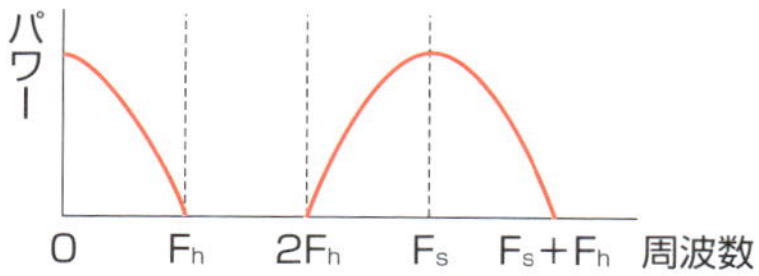

サンプリングされた信号のスペクトルは、サンプリング周波数F_sを中心としたF_hの幅をもつスペクトルになります。

信号のパワーがどの周波数に配分されているかを示すのが図2のスペクトルです。通常高い周波数ほど信号周波数成分が小さくなるので右肩下がりのスペクトルになります

図2で説明した事実は時間周波数の代わりに空間周波数をとった場合にもあてはまります。

29 データの時間的密度と周波数帯域

人の声のサンプリング

データが温度や湿度などであれば、急激に変わることは稀です。しかし、人の声であればより広い周波数帯域が必要です。人が音として認識できる周波数は20Hzから20kHzと言われています。従って、音の情報は約20kHzで帯域制限されているとみることができます。音楽をディジタル信号に変換して記録するコンパクトディスク（CD）では、上限の20kHzの約2倍である44kHzをサンプリング周波数として変換され、記録されています。従って、44kHzの周波数、あるいは22・5マイクロ秒のサンプリング周期で変換すれば、人が音楽として認識できる音信号が再現できることをサンプリング定理は保証します。音楽信号の場合、音の大きさを再現する必要がありま す。CDでは音の振幅を16ビットのディジタル信号（16桁の2進コード）に変換します。

音楽ではなく、人の声であれば、周波数の上限が4kHz程度ですから、8kHz以上の周波数でサンプリングすればよいことになります。電話では、同様のサンプリングが行われます。

もし、電話線を利用して4kHz以上の周波数を含む音声データを送ると、正しく伝送されない恐れがあります。

温度センサの信号の場合を例にとると、間隔1秒以下で急変する場合には温度の変化ではなく、混入したノイズであることが多いので、1Hz程度の上限周波数を持つ低域フィルタを通してノイズを除去した出力を1秒かそれ以上の周期でサンプリングすれば温度状況を正しく伝えることができます。温度の細かさに関しては気温であれば、1度の細かさで、-10度から50度の範囲を変換するとすれば温度範囲は60℃ですから、6ビットで量子化すれば、2進で6ビットが64区分となります。

要点BOX

- データによってサンプリングに必要な周波数帯域は異なる
- 人の声のサンプリングは8kHz以上ですればよい

サンプル化

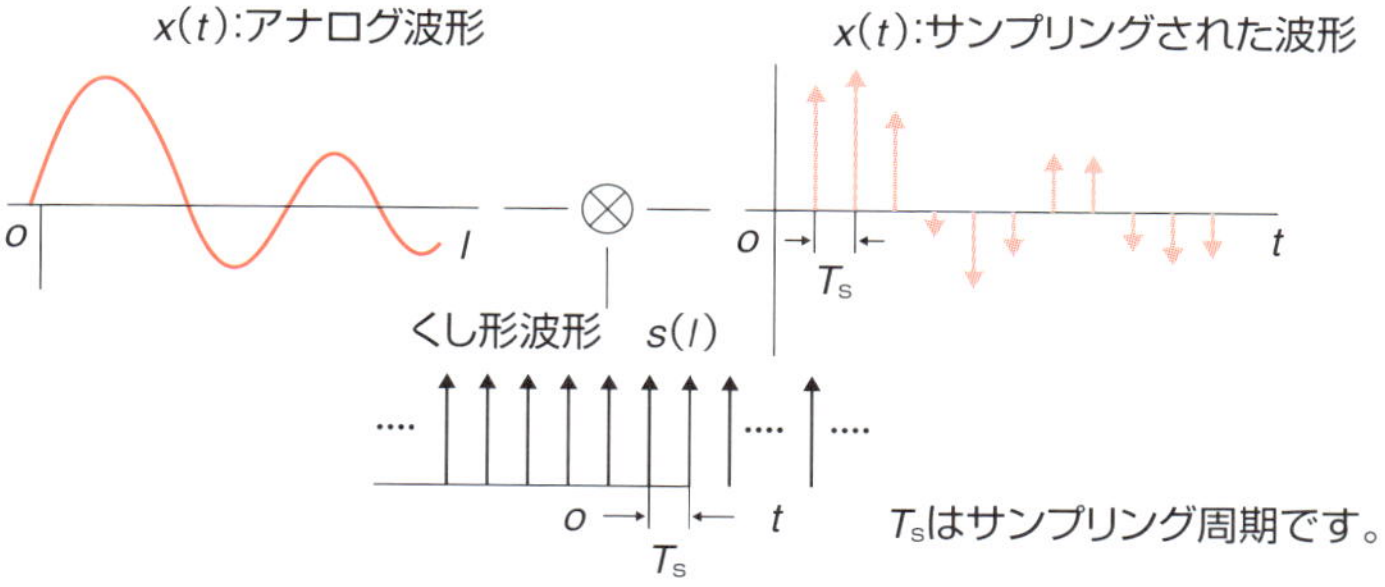

アナログ波形をサンプリングパルス列のくし形関数でサンプル化することは両者の積をとることです。その結果は振幅がアナログ波形に比例したくし形関数となります。

サンプリングパルスのスペクトルもパルス列となります。そのサンプリング周波数間隔ω_sをもつパルス列です。$\left(\omega_s=\dfrac{2\pi}{T_s}\right)$となります。

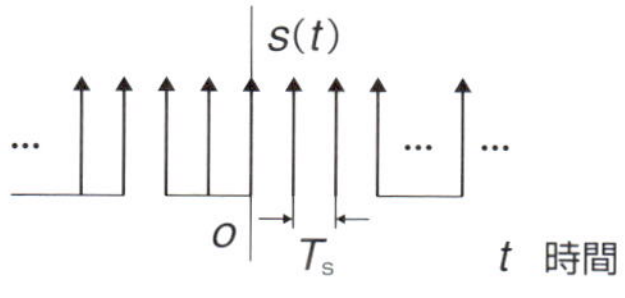

サンプリングパルスの波形

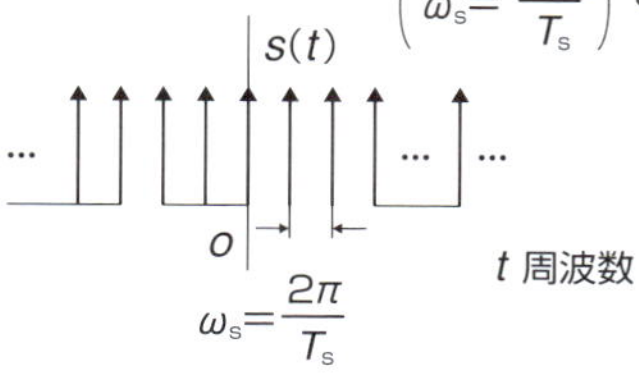

原信号とサンプリングされた信号のスペクトル

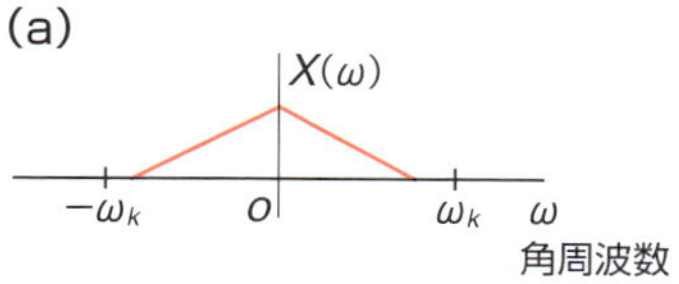

図（a）は原信号の周波数スペクトルです。上限角周波数ω_kより上には信号成分がありません。

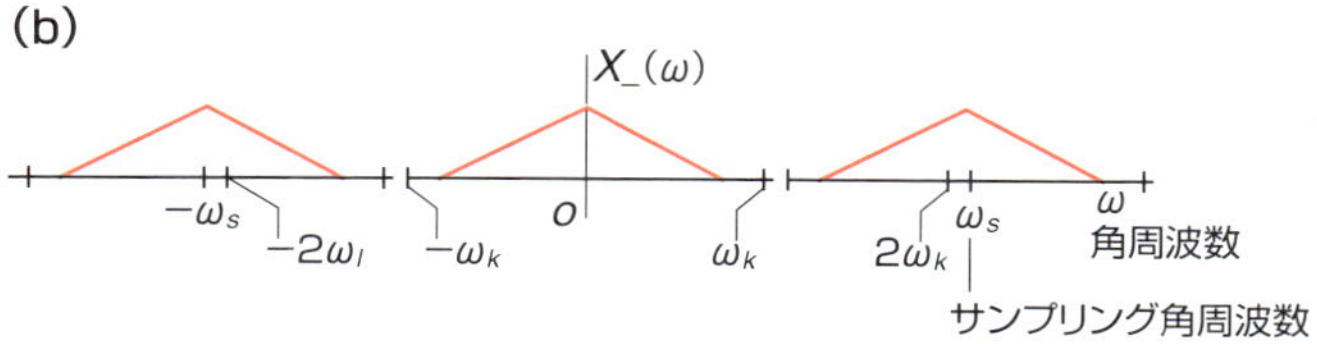

図（b）はサンプリング周波数が高く、信号角周波数帯域の上限ω_kの2倍以上あるので、サンプリングされた信号から元の波形が再生されます。

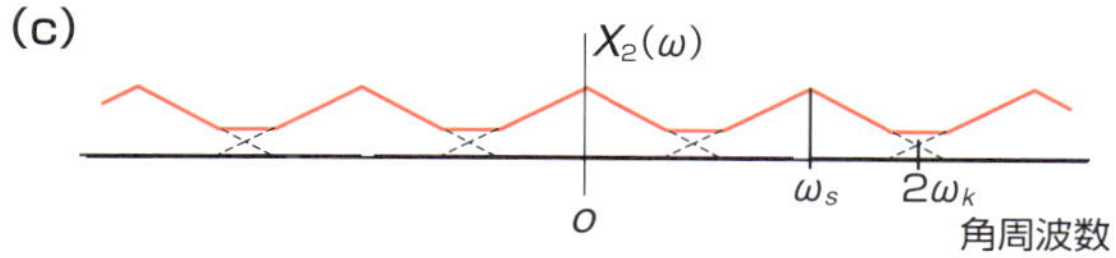

図（c）は信号サンプリング角周波数ω_sが低く、帯域の上限ω_kの2倍より低いので、もとの波形は再生できません。（C）のようにスペクトルが重なるような状況をエーリアシングと呼びます。

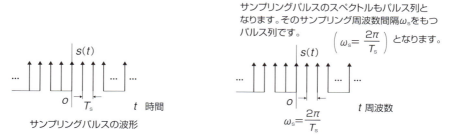

30 センサの空間的密度と合理的配置

空間サンプリング

センサの合理的配置を考える上で、空間周波数のイメージが必要です。周波数は時間に対して変化の回数を示しますが、空間周波数は長さに対する変化の回数を表します。周波数の逆数は周期ですが、空間周波数の逆数は波長に相当します。

状況の変化が短い距離に対して多数起こっていれば、空間周波数が高く、距離をとっても変化が少なければ空間周波数は低くなります。空間周波数が低ければ、間隔をとるセンサの配置が可能ですが、空間周波数が高い状況では数多くのセンサを密度高く配置しないと、状況を正しく把握できません。

イメージセンサは前に述べた通り微細な光センサを多数縦横に配列した構造です。人の顔の特徴となる目鼻口などが中央に集中しており、空間周波数が高い対象です。顔の特徴を捉えるためには多数のセンサを配列しなければなりません。表現を変えれば、画素数の多いイメージセンサを使用しないと顔の細かな特徴は捉えられません。新聞の顔写真を仔細に見ると、大きさの異なる黒い点の集まりです。集合写真では顔の特徴がわからず、個人の識別が困難なのは、空間サンプリングが粗すぎるからです。人の衣服や、持ち物などは顔より空間周波数は低く、きめの粗い画像でも特徴が捉えられます。このように画像の変化が急激な部分の特徴を捉えるには、サンプリング周波数を高めるためにセンサの密度を増やす必要があるのです。

大気環境として都市の二酸化炭素の平均濃度を調べるにはセンサを分散した配置で把握できますが、発生源の場所を特定するには、発生源の近所に多数のセンサが必要です。

このようにサンプリング定理の応用範囲は広く、画像処理とイメージセンサの画素数にまで関係してくるのです。

要点BOX
- ●センサの合理的配置には空間周波数のイメージが必要
- ●センサの密度がサンプリングに影響する

原空間分布とセンサ配置により空間的にサンプリングされた空間分布のフーリエ変換

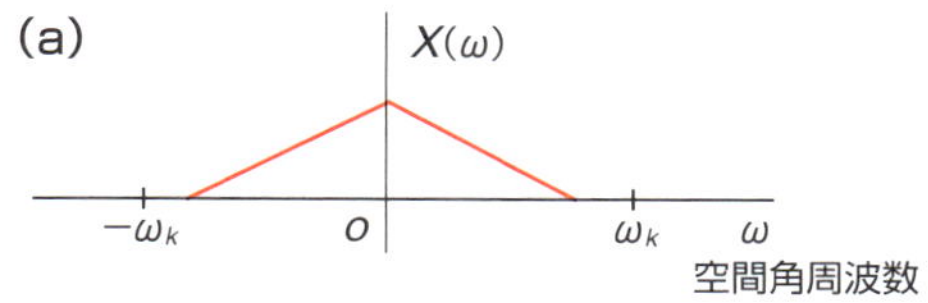

(a)対象の空間周波数スペクトルです。ω_kより高い成分は含まれていません。負の周波数成分は数式処理から出てくるので、実際には存在しません。

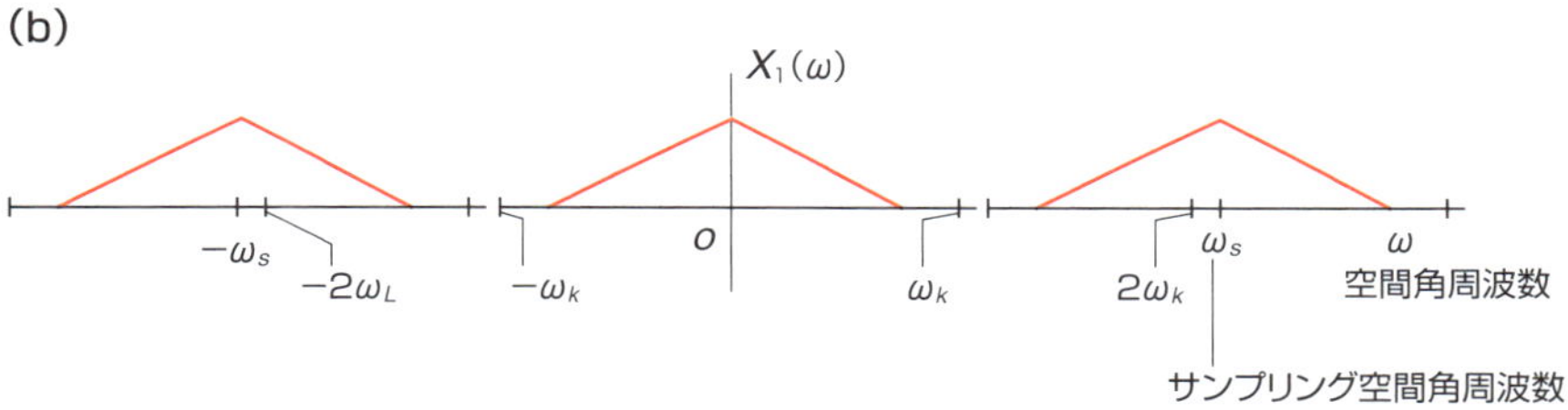

(b)対象をω_sの角周波数でサンプリングした場合のスペクトルです。サンプリング角周波数ω_sを中心としたスペクトルとなります。サンプリング空間角周波数ω_sが原信号の上限角周波数ω_Kの2倍より大きいのでサンプリング定理の要請を満足する状況です。

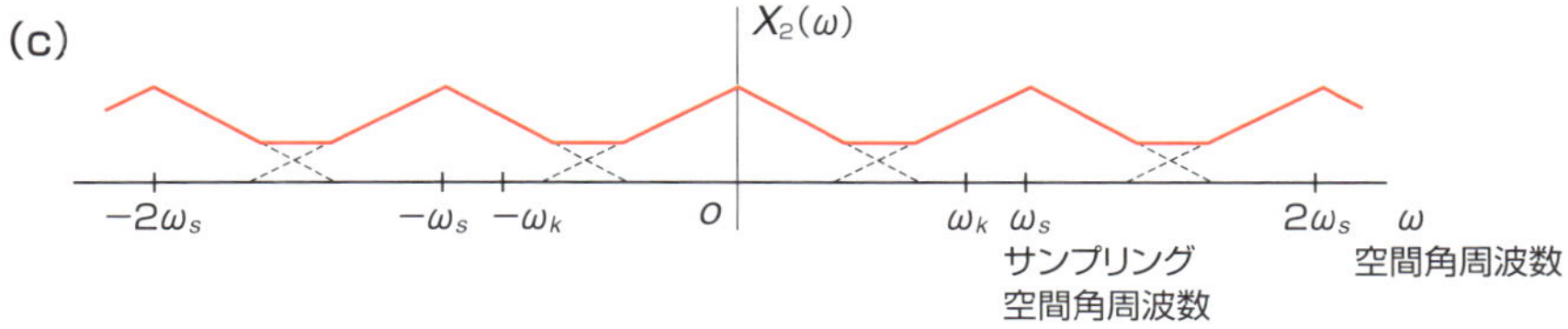

(c)は同じ対象をより低い角周波数ω_sでサンプリングした場合のスペクトルです。ω_sを下げたことは、サンプリング波長を大きくしたために、ω_kの2倍よりω_sが下ってしまい、サンプリング定理の条件を満たさない場合です。サンプリングされた画像のスペクトルが原画像のそれと重なり、エーリアシングが生じています。サンプリングされたデータからもとのデータは再現できません。

注）角周波数は周波数に2πラジアンを乗じたもので、空間周波数にも適用されます。

31 情報の中断が重要な特徴

注目する対象が広域の空間に存在する場合、その状態を正しく検出するための技法を述べました。また、時間的に状態が変化する場合の変化を正しく把握するために注意しなければならない事項も紹介しました。ディジタル情報は、空間的あるいは時間的に離散的であるため、ディジタルデータが状態を正しく代表している必要があります。

ここでは、それらの場合とは全く逆に、対象の位置あるいは時間が特定できない場合について考えます。そのような例は多数ありますが、IoT社会において重要なのは老人と幼児の見守りと救援です。

彼らは社会の一員でありながら、太い絆で社会とつながっていません。しかしながら、救援を必要とした時に直ちに実行できるように見守る必要があります。

普段通りの生活をしている人たちを身近で見守れば、余計な干渉やおせっかいと思われるでしょう。プライバシー侵害に当たるかもしれません。対象に負担や不愉快な思いをさせずに常に見守ることはやさしいことでなく、センサ技術やネットワーク技術を活用して実現する必要があるのです。

幼児や介護を必要とする老人であれば、携帯端末を持たせ常時監視できますが、家族と離れて一人で生活する老人には、その手段は使えません。日常的に使用している器具や設備、例えば湯沸かしやトイレのドアなどにセンサを取り付け、それからの情報を受信して無事を確認しますが、それが一定時間以上受信できなくなったら異常と判断して救援措置を実行します。来るべき情報が得られないことが異常の特徴なのです。空港で荷物をチェックインした乗客が出発時間まで現れない場合、荷物は危険物と見なされます。荷物を全部おろし、乗客全員に自身の荷物を確認させます。危険の特徴は持ち主からの情報の中断です。

見守りと救援

要点BOX
- ●センサ対象の位置と時間が特定できないこともある
- ●来るべき情報が得られないことが異常の判断材料になる

IoTによる見守りシステム

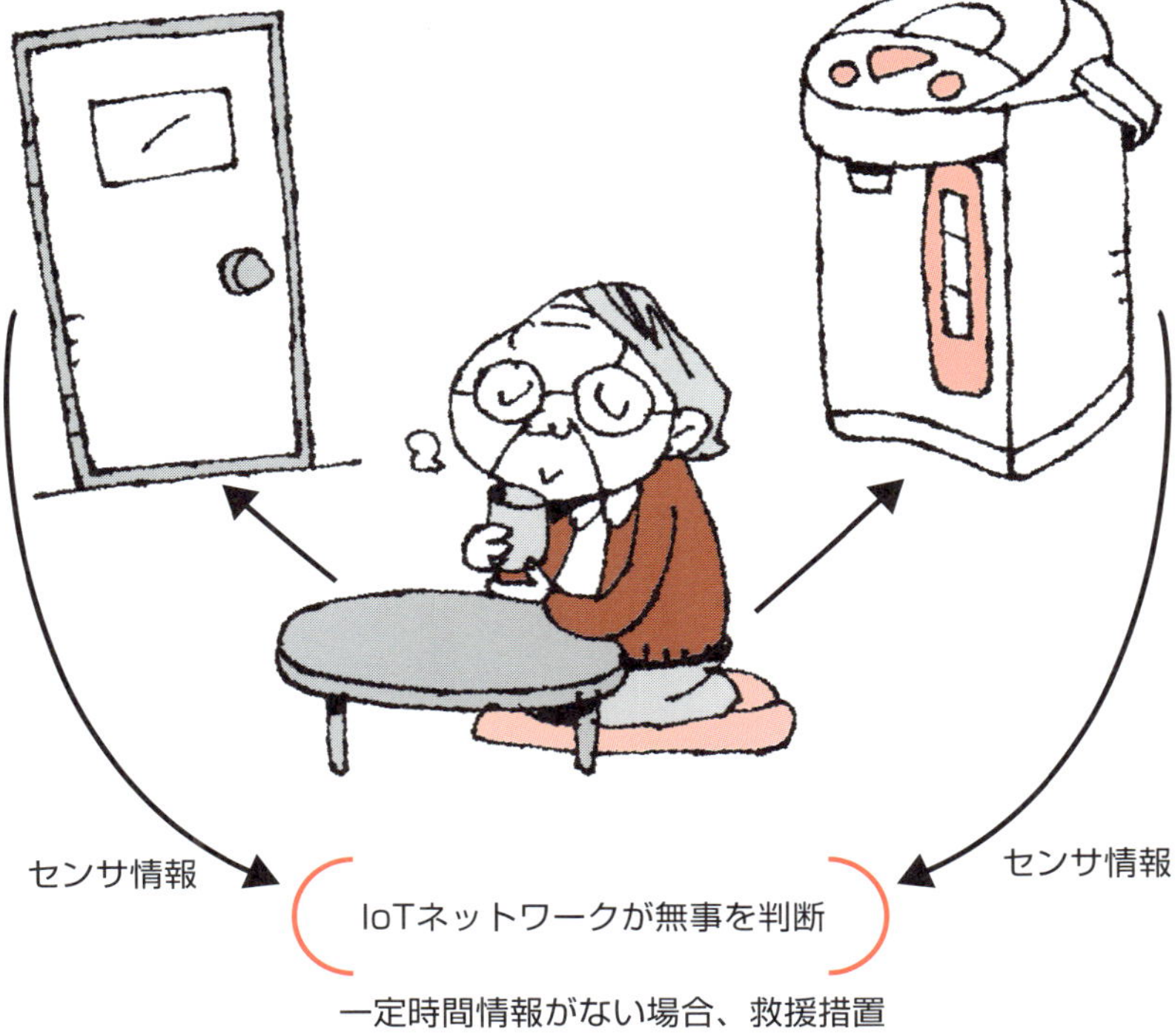
センサ情報
センサ情報
IoTネットワークが無事を判断
一定時間情報がない場合、救援措置

危険の特徴は
持主からの情報の中断！

32 センサ情報の収集と活用

サンプリング周期

社会や生産現場などに多数配置されたセンサにより、獲得された情報を活用するためには、データを収集しなければなりません。広い領域に配置されたセンサから情報を集めるには、無線ネットワークが使用されます。無線ネットワークにより、選択されたセンサのデータが伝達されるのには一定の時間がかかるので、無線ネットワークが担当するすべてのセンサ情報を集めるには、かなりの時間がかかります。いま、100個のセンサ情報収集に要する時間が100秒とすると、1個のセンサについては100秒が最小のサンプリング周期となります。

そのサンプリング周期が長すぎて適切でないときは、短い周期を必要とするセンサだけデータ収集の回数を増やすような対策が必要です。データ収集を専用回線で、しかも有線のネットワークで実施するのは、経済的に大きな負担になりますから、通常採用されません。

画像や音声データのように情報量の大きなデータでは、定期的にデータを送るのではなく、センサ側で必要なデータが得られた場合に、センサからサーバを呼び出して、優先的にデータを送るような手法が採用されます。

このように、センサ情報の伝達方式は、センサデータの情報量やセンサデータの配置によるデータの代表性、サンプリング周期を実質的に決定している通信ネットワークの特性などを考慮して設計されなければなりません。

センサの用途によりセンサデータの伝送の頻度は大幅に異なりますので、高頻度のデータを収集し、伝送する時は割り込みを使用します。

要点BOX

- ●センサ情報収集にかかる時間が最小のサンプリング周期の目安になる
- ●センサの用途により伝送の頻度は異なる

センサ情報の収集には無線通信ネットワークが使用される

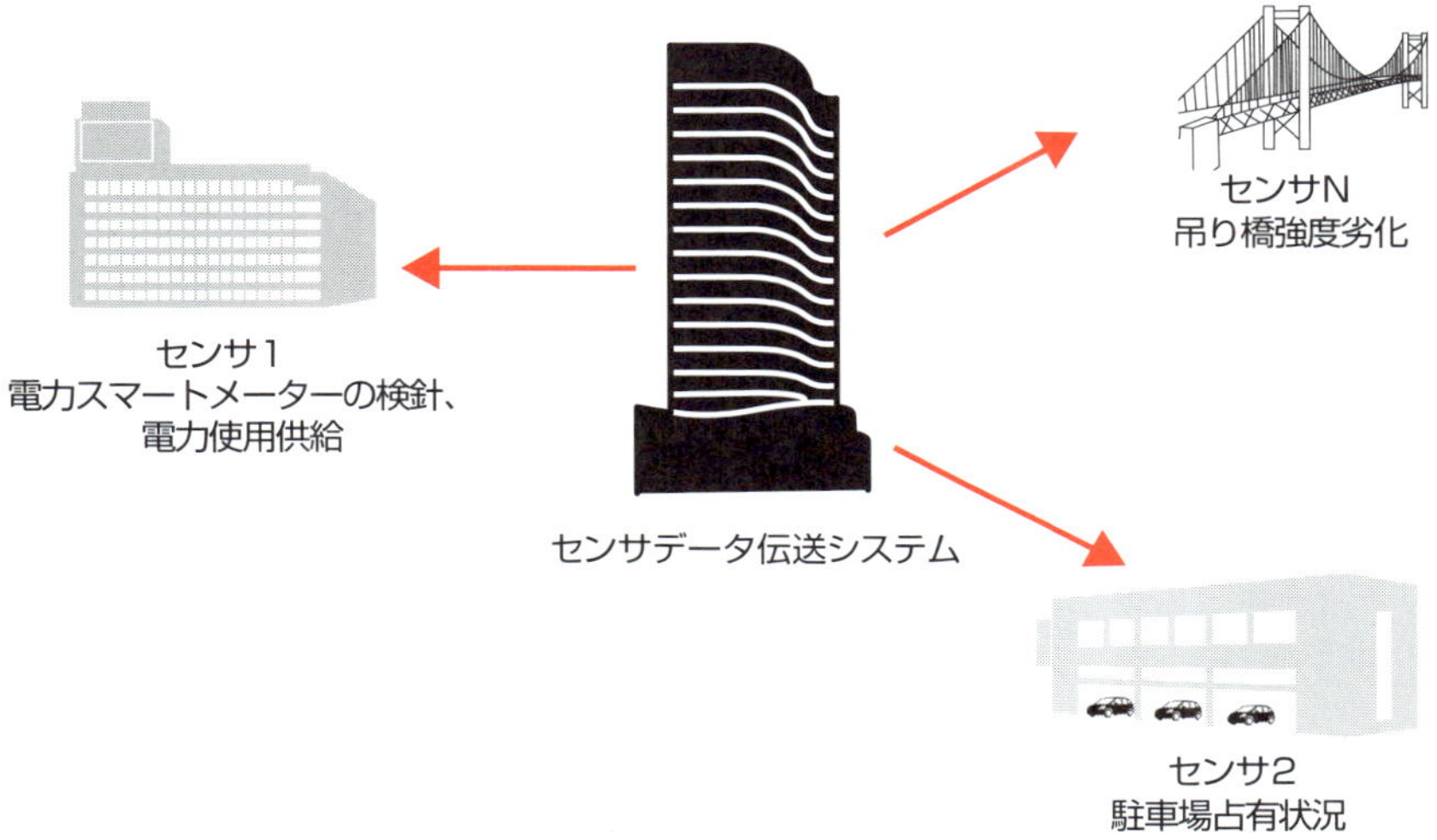

1個のセンサのデータ収集周期 ＞ 伝送ステーションのサンプリング周期

N個のセンサの中の1個のセンサから見ると、ネットワークのサンプリング周期のN倍の周期でサンプリングされることになります。

センサの用途により異なる読み取り周期

センサ1	スマート電力量計　100台　電力使用状況、電力量積算値
	電力使用状況:サンプリング周期　10秒、 電力量積算　サンプリング周期　1ヵ月
	電力使用状況を把握するために高頻度の読み取りと伝送が必要。
	電力量積算値は検針であるため1ヵ月に1回の伝送でよい。
センサ2	駐車場の占有状況
	サンプリング周期　30秒、空き状況の表示が常時必要。
⋮	
センサN	橋梁の構造劣化検出
	サンプリング周期　1ヵ月、台風や地震後はデータが必要

以上のようにセンサの用途によりサンプリング周期は大幅に異なります。

33 センサ情報伝送の仕組み

プロトコル

ＩｏＴ社会では、ネットワークで構成された情報伝送路を色々なデータが流れます。発信元や受信先の役割や性質により情報伝送を効率良く行うために、伝送のプロトコルと呼ばれる規約があり、これに従って通信を行わなければなりません。代表的なのはインターネットの規約である、ＴＣＰ／ＩＰというプロトコルです。このほかにセンサデータのやり取りやデバイスの制御などには、異なるプロトコルが使用されます。

特にセンサの設置場所が移動する場合もあるので、無線のデータ伝送が行われます。無線では伝送路を共有するので、プロトコルが数多く存在します。無線伝送では、小電力で遠くまで、データを確実に、短時間で伝送したいなどの要求があります。これらの要件は一方を立てると他方が犠牲になるというトレードオフの関係があるので、センサやデータの性質に従い、プロトコルが選定されます。さらに、小電力無線の場合には、ライセンス取得が必要か不必要かによりプロトコルが異なります。特定の周波数、微小電力などの条件下ではライセンスが不要です。ここでは、提案されているプロトコルの中から、省電力長距離伝送のLoRaWANとSigFoxの例を表示します。前者は免許不要の９２０MHzで１２５kHzの帯域幅を使用する混信に強いスペクトラム拡散方式です。

SigFoxも９２０MHzの周波数体を周波数体を使用しますが、狭帯域とし、伝送距離をのばしています。伝送速度は現在は上り方向のみですが、将来は下りも可能と言われています。

ＩｏＴ社会では、センサ情報の伝送であれば長い伝送距離は必要ないので、プロトコルを利用するモジュールあるいは回路デバイスが安価でライセンス不要の方式が選定されます。

要点BOX
- ●情報伝送を効率良く行うためにプロトコルという規約がある
- ●無線では伝送路を共有するプロトコルが多数ある

小電力無線の方式の例

方式名称	LORAWAN	SigFox
推進団体	LORAアライアンス	SNO
周波数帯／帯域幅	920MHz／125KHz	920MHz／200Hz
伝送距離	約15km	約50km
アンテナ電力	20mW	20mW以下
伝送速度 up/down	Up 30kbps/down 3kbps	～100bps
運用形態	公衆サービス･自営網	公衆サービス
通信費用(イメージ)	～360円／年	～100円／年
通信モジュール価格(イメージ)	数百円	2～300円
特徴	独自スペクトル拡散方式採用	狭帯域通信方式により長距離伝送を実現
普及状況	フランス、ベルギー、オランダ、インド、韓国などで商用サービス	欧州24か国で商用サービス

データを伝送する場合のシステムの構造は、センサなどのIoTデバイスからゲートウェイまでが無線でLoRaWAN方式で、ゲートウェイから先はインターネットのTCP/IPのプロトコルで伝送されます。上り方向はセンサが収集したデータの伝送、下り方向はセンサやアクチエータの制御データの伝送です。

第5章　まとめと補足

この章では、ＩｏＴ社会において情報を集める際の時間的な密度と空間的密度について、注意すべき点を論じました。それが問題になるのは情報がディジタル情報で、広域に設置されたセンサは空間的には点のような存在だからです。

ディジタル情報では時間や空間も連続ではなく、量子化され、サンプルとして抽出されたデータの列にすぎません。センサ情報も空間的なサンプル値です。それらのデータが時間的、空間的にその場所の状況を正しく代表しているか、データの代表性の検討の必要性をサンプリング定理を引用して説明しました。

データが持つ時間的、空間的な特徴からデータに必要な時間的なサンプリング周波数とセンサの配置数が出てきます。ここで、時間的周波数は説明不要ですが、空間周波数は日常的ではないので補足説明をします。時間の代わりに空間的な長さをとり状況の変化の回数を波数で示します。時間周波数の逆数が周期であるのに対して、空間周波数の逆数は波長です。車から発散する排ガスや騒音などは空間周波数の高い成分を含みます。発生源が小さく、拡散するには時間がかかる状況です。状況が急に変化している点では、波数が高いので、サンプリング定理で密度高くデータを収集しなければならないと結論されます。

このような考察は、センサの配置とデータの収集システムを設計する際に重要です。

状況を監視することが必要な対象が、モノや環境と異なり人間である場合には、全く別の配慮が必要です。人間の行動を密度高く監視したら、負担になるだけでなく、プライバシーの侵害と判断されるかもしれません。情報が入るべき時点と場所を定め、そこから情報が入らなくなったら、異常があったと判断するやり方が採用されます。

つまり、定点観測をして、そこから入るべき情報が途切れた事実を、特徴と見なすのです。

サンプリングされ量子化されたデータの代表性

図１　時空列データ

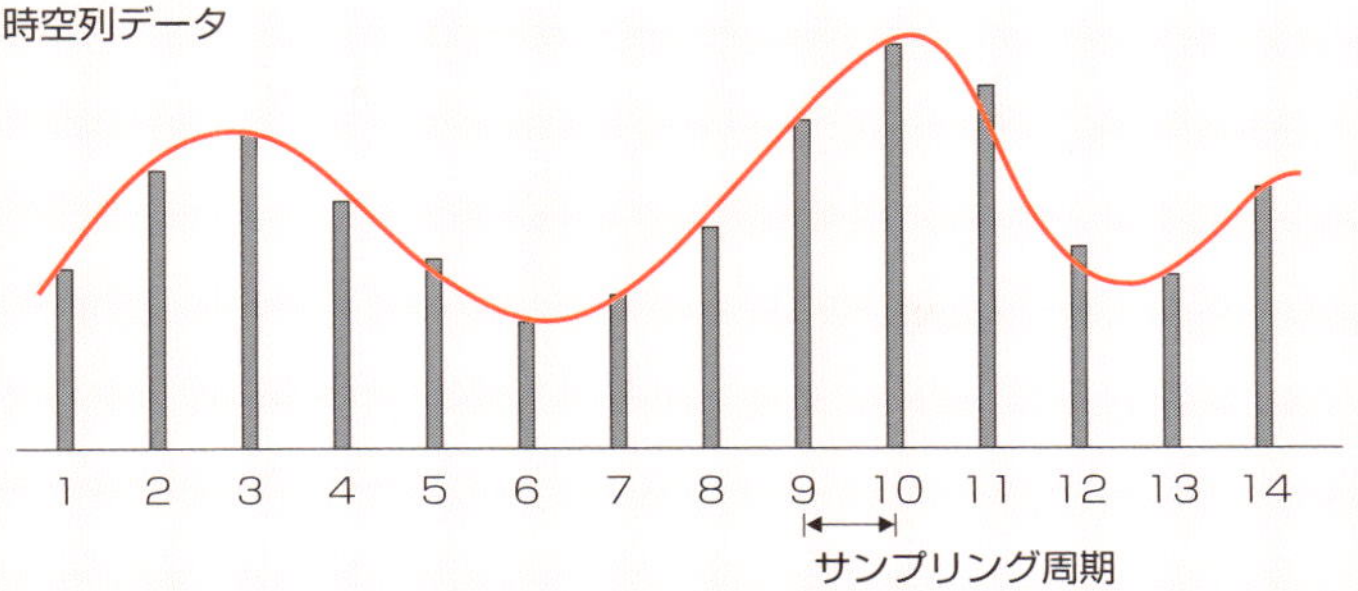

図２　空間濃度分布のサンプリングデータ

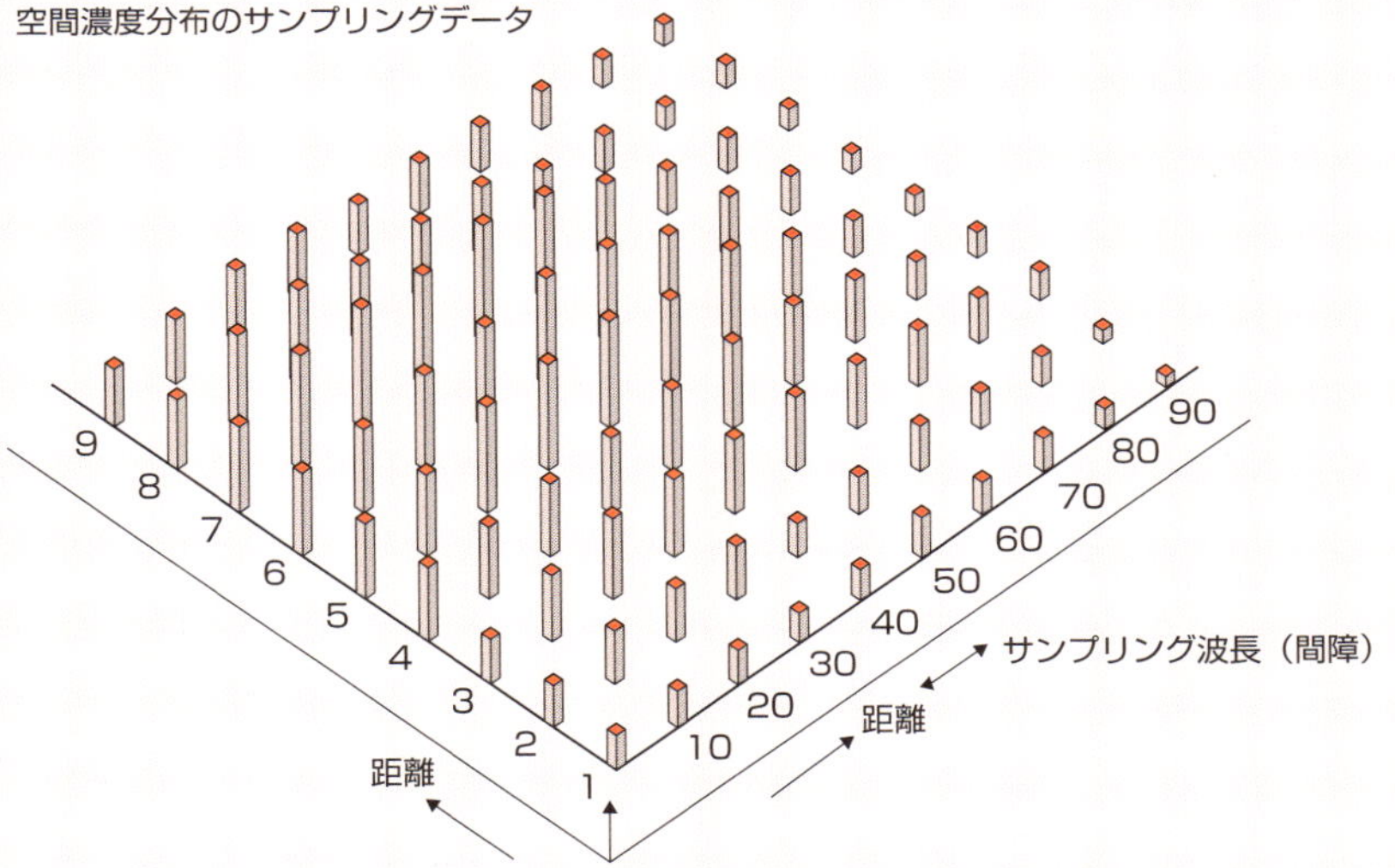

図３　人間の見守り監視

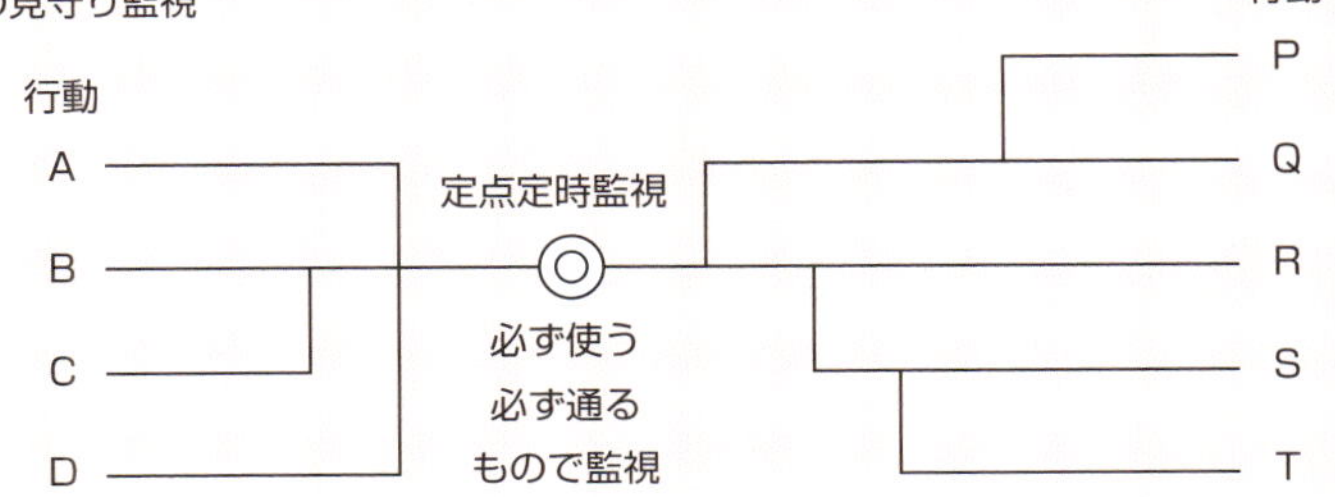

Column

メータの自動検針

40年ぐらい前、都市ガス会社の依頼で家庭用ガスメータの自動検針システムの標準方式を確立するお手伝いをいたしました。固定電話回線を活用して、メータの指示値を読み取り、ガス会社からの呼び出しに応じて指示値を送信するシステムでした。電話回線を使用するので、家庭の電話交信を邪魔しないように苦心したシステムでした。

約10年後、再び、新たな自動検針システムの標準化に従事しました。今度は無線による検針方式でした。新たな無線方式の導入理由は、携帯電話の普及により固定電話回線の加入者が減少したためでした。免許のいらない小電力無線通信方式を使用して、データを収集するガス会社の車が、使用者家庭の近所を巡回し、家庭のガスメータの検針を実行します。使用者の携帯電話とは全く独立なので、干渉の心配はありません。

この話をドイツの人に話したところ、意外な答えが返ってきました。なぜ、そんな大げさのことをするのか、データがメータに保存されているから、年に数回電話してメータの指示値を家族に読んでもらえばよい。そして、1年に1回ぐらい家庭を訪問し、検針して、もし、必要ならデータを修正すればよいのではないかということでした。このようなメータの検針についての認識の差は非常に大きいと思いました。

ETCカードを使用して、高速道路のゲートで自動的に集金する几帳面な日本。アウトバーンは無料ですが、消費税相当の税率が2倍もするドイツ。一種の文化の差かもしれません。

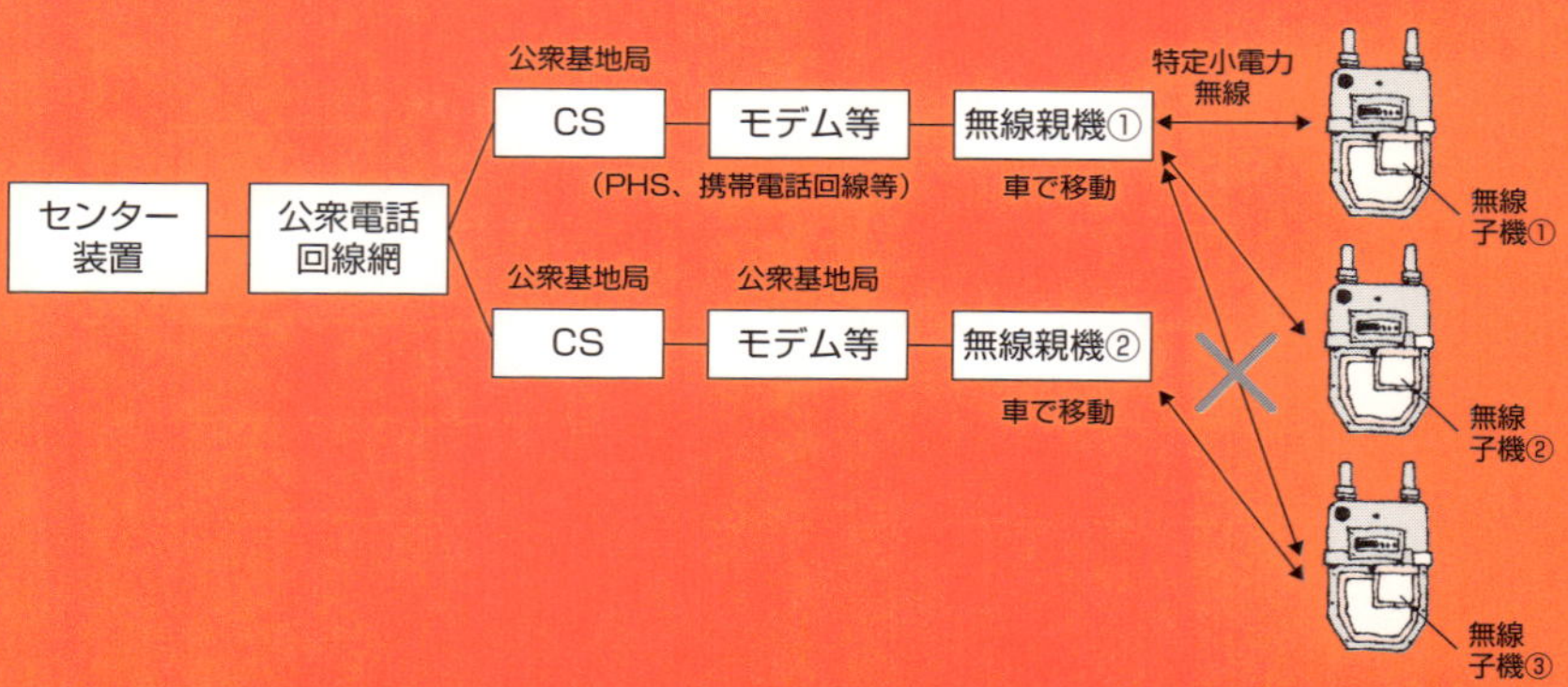

第6章

IoTを推進する革新的技術

34 AIの進歩（1）

機械学習

ロボットは、人の筋力による作業を代替して負担を軽減してきました。これに対して、コンピュータやメモリを駆使したいわゆる人工知能（AI）が、頭脳労働と呼ばれる作業を肩代わりする動きが急激に発展してきました。この主体は学習能力を身につけた電子機械です。企業における伝票の処理、銀行における融資決定など、経験や知識が不可欠ですが、ある程度形が決まった作業は置き換わりつつあります。ここにきて、AIがIoT社会発展の主役の一つであると言われています。

以前との違いはAIの能力の向上です。その要因の一つが深層学習（Deep Learning）と呼ばれる機械学習によるスキルの獲得方式です。

ここで機械学習について、簡単に解説します。図に示したのは、学習機械が訓練データを入力され、正解を参照しながら、データの規則性や特徴あるパターンを見つけて学習モデルを構築していく過程です。学習モデルが完成すると、未知のデータを入力すれば、機械がデータの分析結果を出力します。

機械学習は教師あり学習と、教師なし学習とに大別されます。教師あり学習は最初に要因と結果の例を学習させ、予測モデルや識別モデルなどを構築します。モデルができると、正解がわからない要因を入力し、正しく判定できるようになります。教師なし学習は、要因データのみを入力し、機械がそれをもとに特徴を抽出して学習モデルを作ります。機械が要因に含まれる共通の特徴を抽出するところに魅力があります。このほか強化学習と呼ばれるのは、機械がとった学習行動を評価し、報酬を与えることで学習を促進させる方式です。機械は試行錯誤をしながら、報酬が最大になるように学習を進めます。教師ありとなしとの中間で、未知環境におけるロボットの行動や、生産ラインの最適化、エレベータの群制御などに利用されています。

要点BOX

- AI能力向上の要因に機械学習がある
- 機械学習には教師“あり”と“なし”のモデルがあり、その中間の強化学習もある

機械学習のしくみ

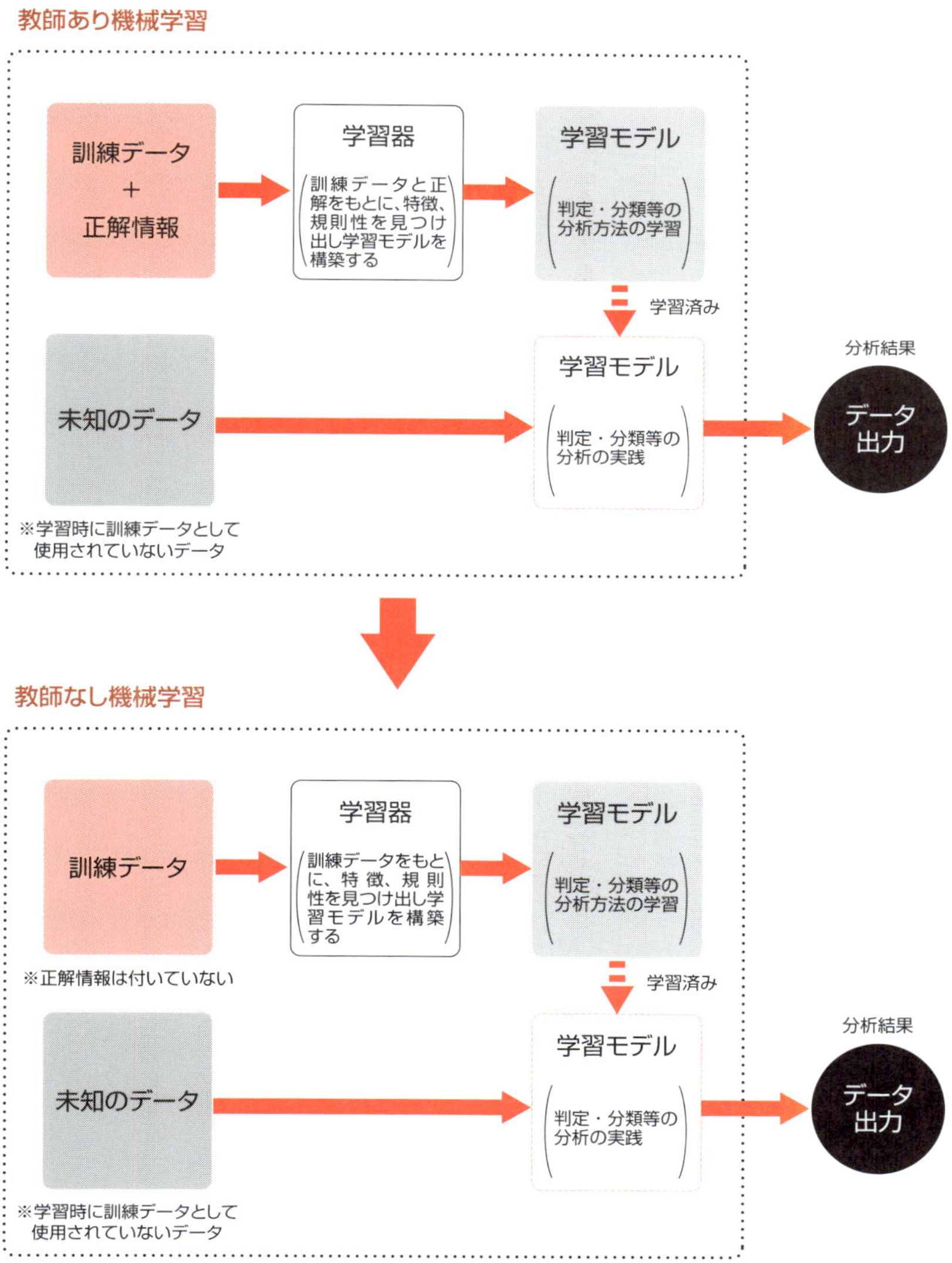

学習モデルを構築した AI がクラウド上に存在し、未知のデータを分析し、必要な対策を教示します。

35 AIの進歩(2)

深層学習

人の脳の複雑な構造を模擬し単純化して作ったニューラルネットワークは多数のニューロンを結び、かつ、図のような多層の構造になっています。データは左側の入力層から入り、中間層を通り、右側の出力層に結果が得られます。特に中間層が複数ある機械学習を深層学習と呼びます。現象の要因を表すデータを説明変数と呼びますが、深層学習以前では、説明変数としていかなるデータを人が機械に与えれば、精度の高いモデルが生成できるかという特徴抽出の問題は未解決でした。深層学習では、特徴抽出を人によらず、機械であるコンピュータに実行させて特徴量を得るやり方で、この問題を解決しました。

そのため、深層学習では学習期間なしで学習モデルを生成できるので、入力データも生のデータでよく、人による特徴量の抽出を免れるのが、深層学習法の大きな特徴です。

ここで深層学習がこれまでの分析手法と本質的に異なる点は「より深い構造」を表現し、学習することを可能にしたことです。深い構造とはデータベースに収まっている表層的な数値だけでなく、その組み合わせまでを含み、表層的データの背後に隠れた組みあわせで生じる概念を含む、階層的な構造を機械が表現することを意味します。人の顔写真を表現する場合、目、鼻、口のような部品のレベルの組み合わせでの特徴表現に対して、それらの部品を構成する線や点などの組み合わせで特徴を表現するのが「深い構造」の意味です。

深層学習の手法が話題になったきっかけの一つは「AlphaGo」と呼ばれる囲碁ソフトがトップクラスの棋士たちを破ったことでした。深層学習によるサービスはすでに始まっており、ゲームの世界を始め、画像検索や、音声認識、自然言語処理などの分野ですでに使われています。

要点BOX
- ●深層学習(ディープラーニング)が機械学習を変えた
- ●深層学習は「より深い構造」を表現できる

深層学習

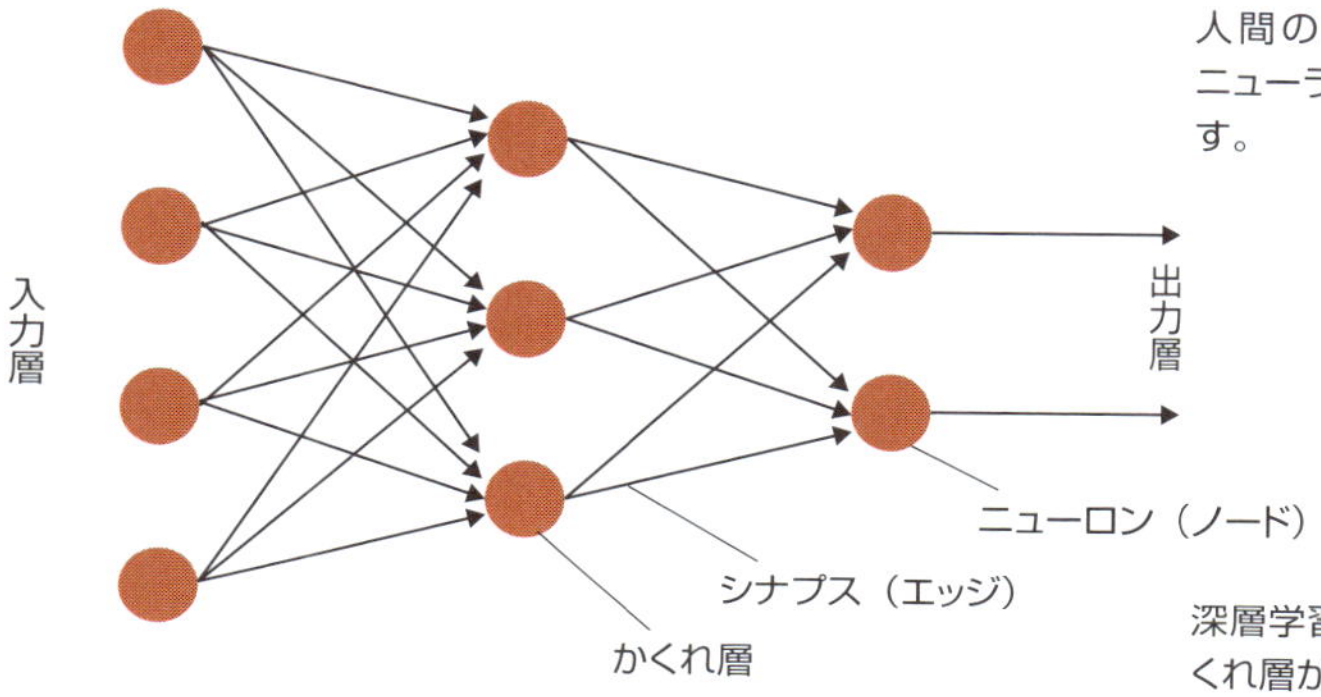

人間の脳の構造を模擬したニューラルネットワークの例です。

深層学習のモデルで中間のかくれ層が多層化しています。

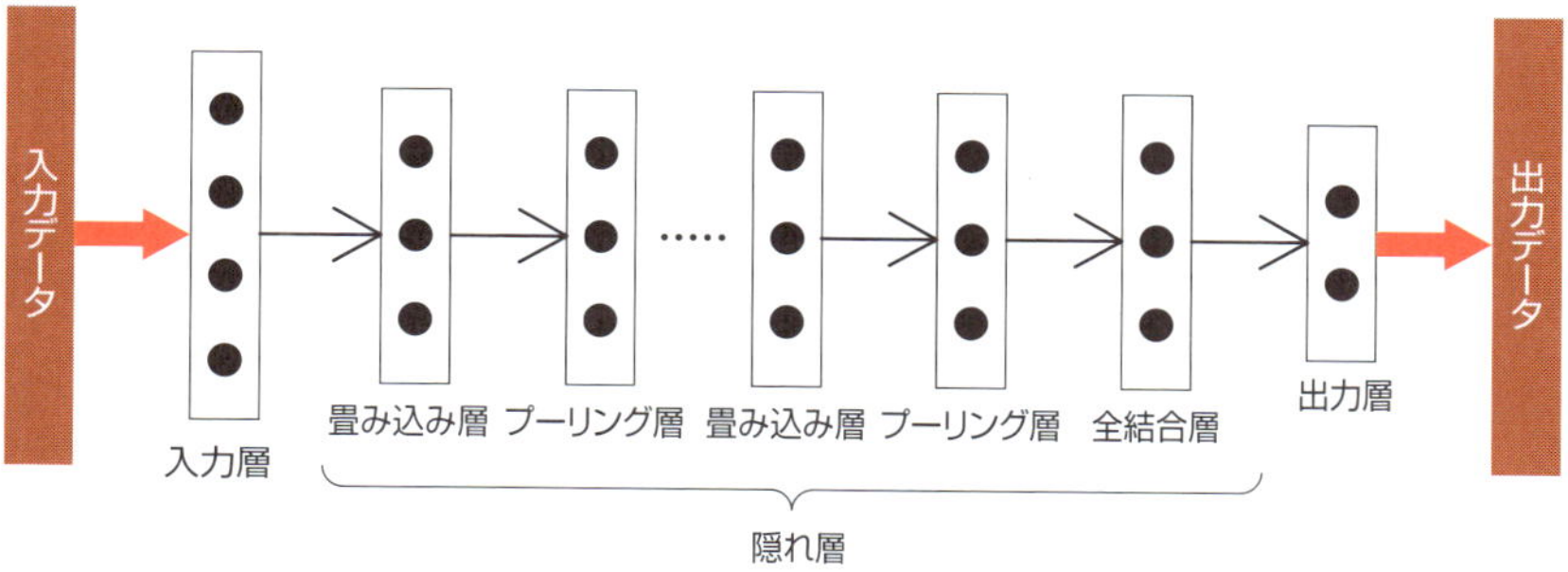

畳み込み層は入力層からの信号に対して、同じ特性のフィルタを通して処理します。

プーリング層は前の畳み込み層の出力に対して最大値をとるとか、平均値をとるなどの処理をします。

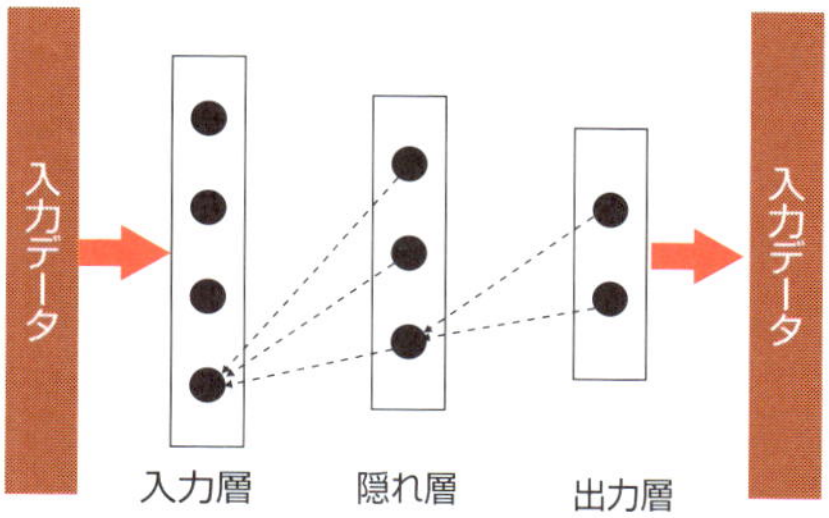

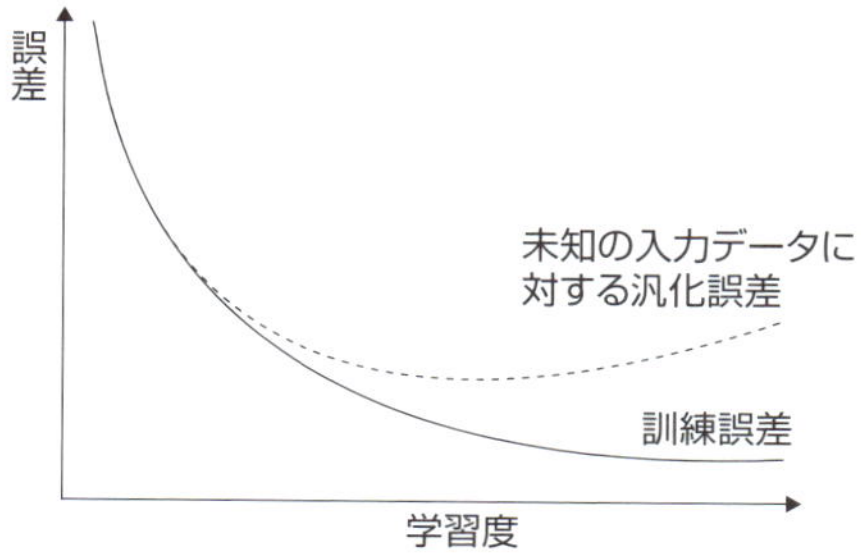

正解が知られている学習データを入力したときの出力から誤差が求められます。誤差を入力側の層に逆伝播して各層の重みの最適化を行います。

正解がわかっている入力に対しては学習が進めば訓練誤差は減少しますが、未知の入力データに対しては誤差が増大することがあります。これを過学習と言います。学習データに対して部分最適となる場合です。

36 自動運転の技術

人と機械の役割分担

自動車の「自動」という意味は、内燃機関という馬に代わる動力が得られて、馬車との対比で始まったのではないでしょうか。しかし、御者が居眠りしても、馬車が追突したり、道からそれないのは、馬の感覚や知能にも深く依存していたことを人が認識していなかったためでしょう。現在の自動運転では技術レベルや課題について、5つのレベルで定義されています。

現在の自動運転のレベル1は、運転支援で操舵か加減速の自動化です。馬の感覚と知能を、自動化機械に置き換えて馬車並みになりました。操舵と加減速の両方の操作を機械に任せるのがレベル2で部分自動運転です。レベル1と比べると、人が作りだした交通ルールや移動環境の変化に対応しなければなりません。レベル2では、機械の知能がお手上げとなると人の出番ですから、人は機械の動作を常時監視する必要があります。人はハンドルから短時間手を離すことはできても、事故が起これば責任をとらねばなりません。

目的地や経路の情報を認識して、強力なAIやコンピュータ能力を活用して自動化を高度化し、人による監視が不要となる段階がレベル3で条件付き自動運転と言われます。このレベルでは、異常な状態を除き、人の介助は不要ですが、異常の状態認識と介助操作を決断するのは人なので、適切な介入のためには、人と機械の間の情報交流のインターフェイスが重要です。走る地域や車種を限定しないと、レベル3の実現は容易ではありません。

いかなる場合もAIやコンピュータが運転する進んだ自動化段階は、レベル4の高度自動運転です。人は目的と経路の設定以外には利用者に徹します。レベル4や5の完全自動運転を実現するには、技術的な問題の他に、法律など社会との接点にも課題が残ります。

要点BOX

●自動運転のレベルを上げるには、AIなどの技術的な進歩だけでは足りない

自動運転のレベル定義

レベル	名称	運転実行者	外界環境監視責任	システム故障時の処理	運転モード
0	手動運転	人間	人間	人間	手動
1	運転支援	人間･制御システム	人間	人間	手動／自動
2	部分自動運転	制御システム	人間	人間	手動／自動
3	条件付き自動運転	制御システム	制御システム	人間	手動／自動
4	高度自動運転	制御システム	制御システム	制御システム	手動／自動
5	完全自動運転	制御システム	制御システム	制御システム	自動

須田、青木「自動運転技術の開発動向と技術課題」情報管理（2015）より

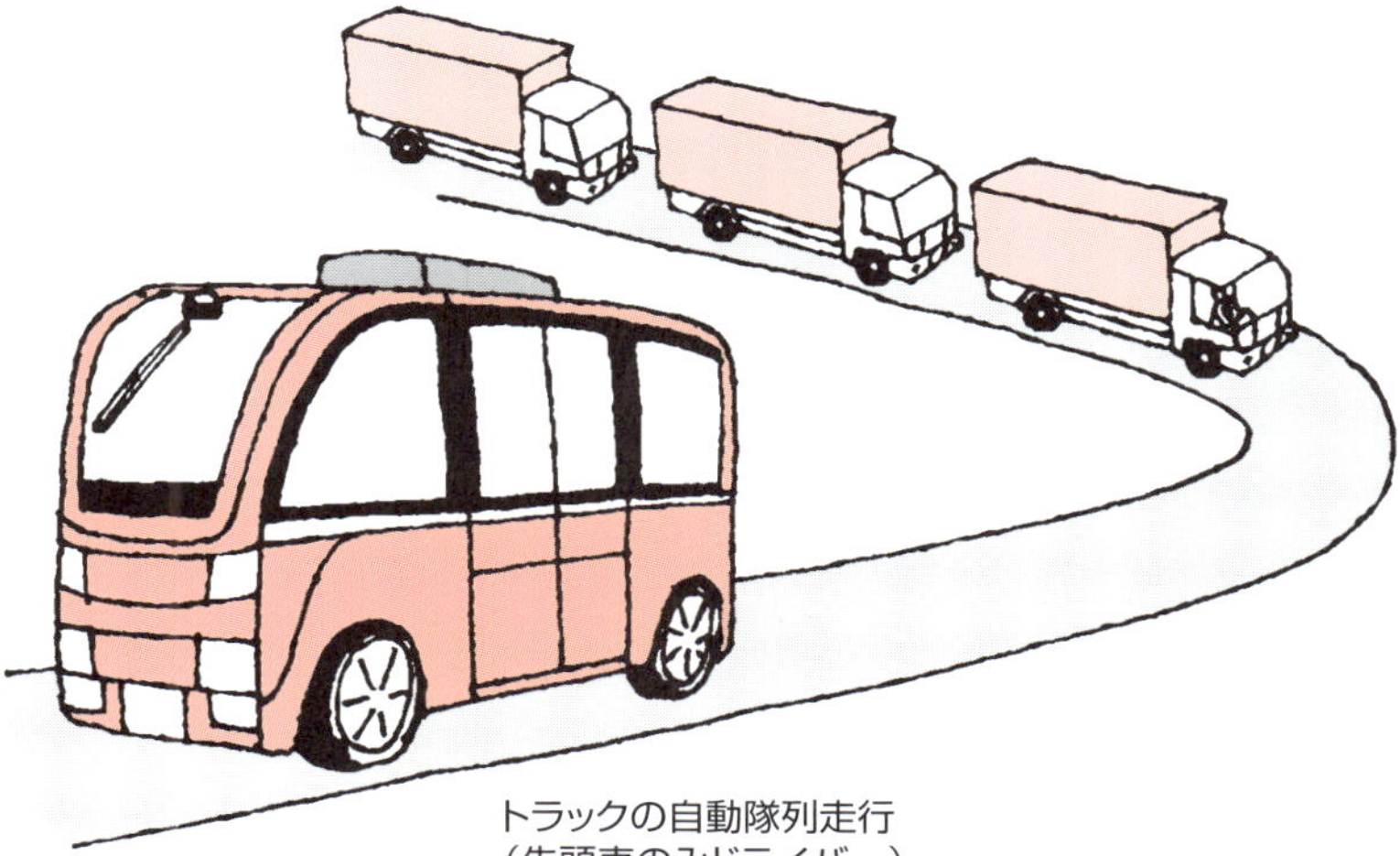

トラックの自動隊列走行
（先頭車のみドライバー）

37 実世界とサイバーとの接点

サイバー・フィジカル・システム（CPS）

電子的信号処理がディジタル回路で実行されるのは、コンピュータの論理的判断や演算能力、大容量のメモリの記憶や検索機能が活用できるからです。この処理は、情報がディジタル符号で表現されるサイバー世界で行われます。一方、符号ではなく、物理的に実在する現実の世界はアナログの世界で、機器やシステムは人を対象にします。アナログ回路は、外的環境の物理的世界と信号処理を実行するサイバー世界とをつなぐインターフェイスとして機能し、両世界を包含するサイバー・フィジカル・システム（CPS）を構成します。センサやアクチュエータあるいはディスプレイなどを介して人や実世界に接続されるので、カメラの画質やスピーカーの音質などが直接人の感性に訴える状況をつくります。そのため、センサやアクチュエータが人と機械との情報交流に介在する場合が急増しました。

タッチパネルを使用したインターフェイスなどでは、人の意図が機械に自然に伝わり、直感的な機器操作が可能になります。思いのままに機器を操れる快適な操作性が機器の価値を高めますが、操作性を支配するのはセンサとアナログ回路の性能です。センサが人の感性に近づけば、センサ信号を処理するアナログ回路にも特殊な特性が要求され、性能が人の感性を満足させます。このようなアナログ電子回路はセンサ・インターフェイス回路と呼ばれます。特性が感性に訴える部分なので、優れた設計者になるには専門知識など技術的素養の上に鋭い感性と豊かな経験が要求されます。経験豊かなシルバー技術者の出番かもしれません。

センサの活用で商品価値が左右される時代となり、センサ技術の革新が実現しつつありますが、その背中を押しているのはアナログ回路技術です。特性の違いを主張しにくいディジタル回路技術と違って、これが、製品差別化のカギになります。

要点BOX

- 人間とIoTシステムの間でインターフェイスとなるCPSはアナログ回路技術に支えられている

サイバー・フィジカル・システム（CPS）

●CPSによる駆動型社会

	製造プロセス	モビリティ	スマートハウス	医療・健康	インフラ	…
データ収集	•カメラ	•車載センサ •スマートフォン	•家電製品 •スマートメーター	•バイタルセンサ •画像診断装置	•モニタリングセンサ	…
	IoT：モノのデジタル化・ネットワーク化が急速に拡大					…
データの蓄積・解析	•データベース •モデル •分析	•データベース •モデル •分析	•データベース •モデル •分析	•データベース •モデル •分析	•データベース •モデル •分析	…
	ビッグデータ解析：AIの進化により判断の高度化や自律制御が進展					…
現実世界へ（制御・サービス）	•生産性低下の無いテーラーメイド品 •サプライチェーン連携による在庫ゼロ	自動走行技術の活用による •交通事故、渋滞の低減等 •移動時間を自由時間に変える新たなモビリティの出現	•安価で安定的なエネルギーの供給 •新サービス創出による電力小売市場活性化	•予防医療充実による健康寿命延伸 •個人特性を考慮したテーラーメイド医療	•運営効率化による新規サービス提供 •インフラ関連網による災害対策基盤の強化	…

Cyber Physical System

実世界とサイバー空間との相互連関（CPS）

リアルタイム

ディジタル情報のサイバー世界と人間やアナログ情報が行き交う実世界の境界を形成するのがサイバー・フィジカル・システムです。人間とIoTシステムとの間において、インターフェイスとなるアナログ回路技術が重要な役割を受け持っています。

38 機械が人に合わせる情報交流

センシング・インテリジェンス

ＩoT社会では、「知能を持つ機械」に接する機会が増えます。人が意図を機械に伝える際、二つの変化が起きています。一つは論理的な伝達から直観的な伝達への変化、二つ目は一方向から双方向の伝達への変化です。

キーボードなどでは、多くの機能の中から正しいボタンを選択しなければ機械は動きません。このような誤りが許されない操作では緊張を伴います。スマートフォンや携帯端末で見られるタッチパネルは、接触する画面に操作結果が予想できる内容が表示されるほか、指の間隔を変えて画面の大きさを変えたり、ページをめくる操作で操作画面が変わるので、直観的な指の動きに機械が反応するので便利です。ボタンなどによる伝達は論理的で正確ですが、人に思考を要請します。タッチパネルの操作は自然で速やかであり、正確性より伝達性を重視します。エレベータ・ドアの開閉ボタンで2個の矢印が内向きか外向きかで表示するのが増えたのは、論理的な選択より直観的な選択を重視する思想の表れでしょう。

人の意思を伝える場合、機械が人の意思を正しく理解したかどうかが不明であると不安です。この点は機械が音声で応答することで改善されました。意思の伝達が、一方向から双方向に変化したためです。

さらに、センシング・インテリジェンスと呼ばれる機械の知能が、人の動作からその意図を判断できるようになり、情報伝達が双方向的に行われれば、人の精神的な負担はより軽減されるでしょう。

今までは機械の構造や原理で決まる手続きを踏むことで、人が機械に合わせてきました。それが、機械の方が人に合わせる方向に進歩し、機械がより人に親切で、かつ頼りになる存在に変わる予兆が見られるのは、歓迎すべき変化と思います。

要点BOX
- タッチパネルは直感的な指示
- センシング・インテリジェンスで人の負担は楽になる

情報伝達の変化

人の指示に音声で反応

頼みがあるんだけど。

なんですか。おっしゃって下さい。

A美術館はどの駅が便利かな?

地下鉄のB駅が最も便利ですが、
今日は休館日ですよ。

こんな具合に対話の中から機械が人の意図を理解して手助けしてくれます。

39 ロボット技術の展開

人とロボットの協調作業

ＩｏＴ社会において、センサが情報を受け取り、社会を色々な形で起動するものとすれば、ロボットは起動に直接関係し、人や機械に直接働きかけます。ｒｏｂｏｔというと人の形をして、直立して移動する機械を連想しますが、その形状には大きな広がりがあります。

例えばドローンもロボットです。ドローンの前にも自力で空中を飛び回るものがありました。無線操縦の模型飛行機やヘリコプターなどです。なぜ、ドローンだけが注目を浴びたのか。それは操縦の容易さで、さらにその原因は優れた安定性です。ドローンは複数の回転翼に揚力を分担させた結果、操縦が容易になりました。空中撮影や物の配送など新しい用途が限りなく提案されています。

農業では露地で働くロボットは位置の正確な制御が困難なため、工場内のように構造化された環境での使用に限られていました。今やＧＰＳの性能向上のおかげで、農作業が任せられるようになりました。

ロボットはＩｏＴ社会における重要な働き手として新分野を開拓しつつあります。その一つが、スーパーマーケットやコンビニにおけるキャッシャーの代替です。支払いがクレジットカードであれば、すぐにでも実用化が可能でしょう。ロボット化されたホテルのフロントも話題になりました。

自動車などの生産現場では、人間と協力して共同作業を実行できるロボットが使用され始めています。初期のロボットでは、予想外の動きをして人を傷つけるような事故があり、人とロボットの協調作業は不可能でした。

いまは、制約がありますが、ロボットが加工物の重量を支えつつ、人が装着できるような協調作業が可能になり、人の負担が大幅に減りました。このようなロボットでは、接触しても人を傷つけない構造を備えています。

要点BOX
- ●ロボットはIoT社会の重要な働き手
- ●人とロボットの協調作業が可能になってきた

人とロボットの協調作業

安全柵なしで、人と一緒に作業可能な協働ロボットの要求があります。

安全柵必要

従来のロボット

安全柵不要

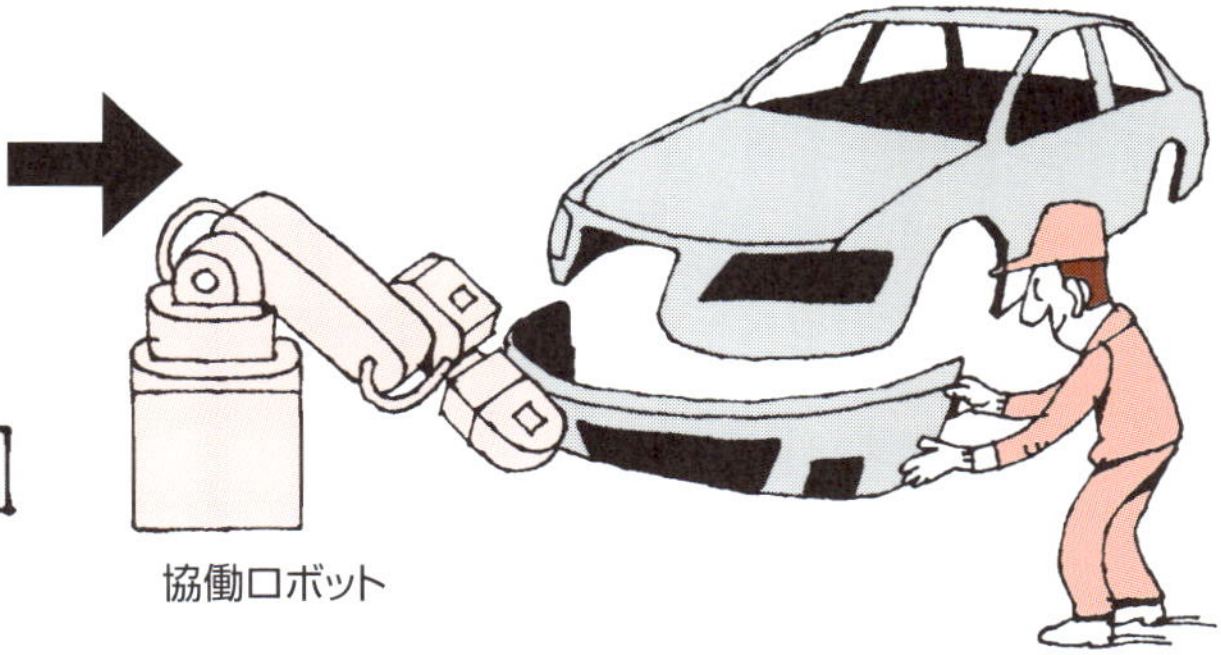

協働ロボット

協調ロボットによる車のバンパーの組付け作業です。
ロボットがバンパーを保持して、人が取り付けます。

A 領域共有 従来と同じロボットシステムを安全柵なしに人とロボットが接近して作業

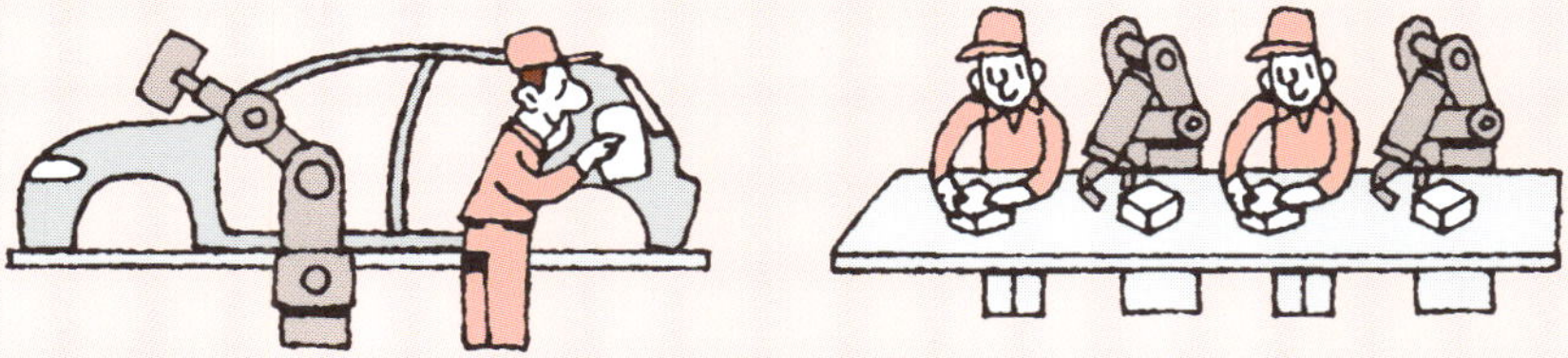

B 協働作業 ロボットが重量物を支えて人と一緒に作業

40 電子機器のソフト化

機能の多様化と不可視化

電子機器は果たすべき機能に応じ、機能を実現する回路や、人との情報交流を司る操作や表示機能が装備されます。それらに動作電力を供給する電源回路も必要です。センサを装備して計測や観測を実行する機器では、性能を発揮するために対象に応じて電子機器が作り分けられます。ところがパソコンでは、その性能や機能を規定するのはソフトウェアです。インターネットに接続すれば必要に応じて、新たな機能を導入できます。

ＩｏＴ時代では、機器の働きでソフトウェアの役割がさらに増えると予想されます。その結果、機器はソフトウェアを実行するコンピュータとメモリのほかは、ハードウェアの機能は電源や操作や表示などに共通化され、その機器の主な機能は内蔵されるソフトウェアで決まるでしょう。

センサやアクチエータなどのハードウェアを備える機器では、それらが機器の機能を決定します。

このように機能の住み分けが進むと、共通化され単純になったハードウェアの機能は長寿命となり、いつまでも、機能を果たすことができます。一方、ソフトウェアの方は必要に応じて新しい機能や改善された機能を持つソフトウェアを導入することで、機能の陳腐化を防ぐことができます。

センサなどを持たない機器は、ハードウェアの規定によらず多機能化が進むでしょう。直接電気信号を扱う電子計測器では、オシロスコープと信号発生器が共通の筐体に収まります。時間軸に沿って波形を観測するオシロスコープと周波数軸上で信号を観測するスペクトルアナライザとが、パソコンと同様の操作・表示機能を使用して共通の外見を持つハードウェアで実現できます。そればかりか、ゲームを楽しむ機能すら収まってしまうかもしれません。このように機器の機能は外見では識別不能になりますが、機器の多機能化が進むでしょう。

要点BOX
- ●IoT時代は機器の見た目は変わらなくなる
- ●機器の機能は多様化し、しかも常に改善されていく

電子機器のソフト化

電子機器はソフトウェアで機能が決まり、それによって機能は異なるが、ハードウェアの外見差は見えにくくなります。ソフトウェアが個人の希望にきめ細かく対応し、機能も多様化します。一方、ハードウェアはソフトに活動の舞台を提供する役割となります。外見は操作と表示と電源がハードウェアの共通の機能であるため、表示や操作はどの機器もパソコンに限らず共通となります。

パソコンの見た目が
変わらなくなったのは、
ソフトが個性の違いと
なったから！

経営や生産などの分野では、「見える化」として見えないものの可視化が必要とされています。
電子機器の世界では外見では機能が見えず、多機能化が進みます。

41 加算的モノづくり

3Dプリンタ

ＩoT社会が近づいていますが、最初に恩恵を受けるのはモノづくりの分野でしょう。機械と機械とがつながることで、無駄や待ち時間などが解消するからです。

ものづくりの世界では、さらに大きな変化が予想されます。モノづくりの革新と言われる減算的生産から加算的生産方式への変化です。従来のモノづくりは設計の基準に合った原材料を削ったり、曲げたりして、機能を発現するのに必要な部分を残し、不必要な部分を廃棄して作りました。原材料は生産や輸送を考慮して丸棒や薄板の形状に加工され、寸法も標準化されていますから、機械加工による生産が減算的なのはやむをえません。電子回路でも絶縁材料の基板上に銅箔を張り付け、電流が流れる部分のみを基板上に残して、不要部分をエッチングで溶かし去って回路基板を作ります。原材料から機能実現に必要な部分以外を差し引く減算的工程で作られるため、必要部分より大量の不要部分が廃棄され、処理や回収などの負担を残しました。

原材料とその供給形態から見方を変えて、必要な部分を付加して機能を実現させる加算的な生産が実現できれば、原材料の利用率は向上し、生産後の処理の負担が下がります。加算的生産の例を電子回路基板で示すと、絶縁体の基板の上に電流が流れる部分のみを、印刷や別の方法で構築するやり方です。長い間定着した減産的な生産から加算的生産に変えるには、いろいろな新しい技術開発が必要ですが、原材料の供給から検討して資源を有効に利用する加算的な生産方式が、産業の持続的発展のための有効な手段です。

近年開発された3Dプリンタは、原料の供給の形に特徴があり、積層造形技術と呼ばれる手法で機能部分を形成する手法であるため、加算的なモノづくりでの発展が期待されています。

要点BOX
- 加算的モノづくりが原材料の利用率を向上させ、生産後の処理の負担を軽減する
- 3Dプリンタは加算的モノづくりの代表例

加算的モノづくりの例

加算的モノづくりの効用

資源の有効活用

↓

原材料に必要な部分を付加して機能を実現

↓

産業がつながることで

原材料　原材料の供給形態の変更

●利用率の向上

●生産後の（不要物の）処理の負担減少

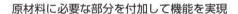

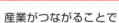

第6章　まとめと補足

本章では、ＩoＴ社会の実現を推進する革新的な技術を取り上げました。トピックとして取り上げる際には、影響の大きさと革新性に注目しました。

最初に取り上げたのは人工知能（ＡＩ）ですが、機械学習の急激な進歩に注目しました。深層学習を行った知能が、答えが見えにくいような生産工程の最適化や、大勢の人を待たせないエレベータの運行スケジュールを見つけてくれればとの期待があります。一方、深層機械学習の結果は、その結論に至る根拠を示せない、という弱点があります。

高齢者の不注意な運転による事故が増えています。自動化が進めば、人間が楽になると単純に考えてよいでしょうか。開発中の自動運転車に事故が起きたとき、監視に従事していた人間の責任が問われました。

人間から見て、自動化機械の内部状況がわからないのに監視をしなければならないのは不安です。問題の原因は、機械と人間の情報交流が円滑でないことです。人間から見て、機械はブラックボックスになってしまいました。機械を動かしている仕組みが見えず、ソフトウェアが動きを支配していることが原因と思われます。

ネットに接続された機械相互には、大量の情報が高速に伝達されますが、それが、人間との境界で切れてしまうと、人間の方に不安が生じるようになってしまいます。自動化を進める際には、機械と同様に関連する人間にどのような負担があるのか、注意を集中しなければなりません。

一方、人間が何を意図しているかを機械が知る手法は少し進みました。それを安全に向けて結実したのが協働ロボットです。

過去の事故のため、動作中のロボットと人間は柵で分離されていました。人間とロボットの協調作業が必要になり、協働ロボットが開発されました。力と速度に上限がありますが、車のバンパーやスペアタイヤの組みつけなどで利用されています。

自動化システムの監視作業は楽ではない

- 機械やシステムが順調なら眠くなる
  眠くならないように人間の仕事を創る
  人間がそれを自動化することを考える
  単純な監視作業は眠くなる

- ブラックボックスの機械やシステムに対する不安
  機械やシステムの内部状況が常にわかれば眠くならない
  また、異常の検出も容易になる
  機械やシステムのソフトウェアの比重が増加
  内部状況はさらにわかりにくくなる

- 人間が眠くなるのを機械が監視する技術が開発された

- 人間は機械を監視しながら、機械に監視されている

Column

シンギュラリティ

機械の知能であるＡＩの知恵が高度化し、人の知能を超えてしまう日が来るのではないかと、恐れている人たちがいます。なぜならば、ＡＩが支援した将棋や囲碁ソフトが強くなりすぎ、プロでも勝てなくなったからです。

現在のＡＩは人が作成したものですが、優れたＡＩがＡＩをつくるようになれば、さらに強力になり、いずれ人はとても敵わなくなる時期がくるでしょう。それがシンギュラリティと呼ばれています。人の文明の特異点とでも意味するのでしょうか。それが２０４５年に来ると予言している人たちがいる一方、そんなことは実現しないと、シンギュラリティを否定する人たちもいます。

筆者の意見は以下の通りです。

ゲームのように勝負のルールが決まっており、結果が一義的に決まっているものでは、人が機械に勝てなくなることは十分にあり得ます。現実に将棋などで起きています。

しかし、ルールが複雑で、ルールの存在すらも疑わしい、人の感情のように表象が多様な場合には、機械は簡単に勝てないし、人を支配できないでしょう。

一方、計算速度や記憶量など、単純な尺度ではすでに機械が人に十分に勝っています。そのような機械の能力を活用して、人は現代社会を作り上げてきました。これからも、機械の能力を十分に活用して人の社会を高度で快適なものにしていくことができるのではないでしょうか。

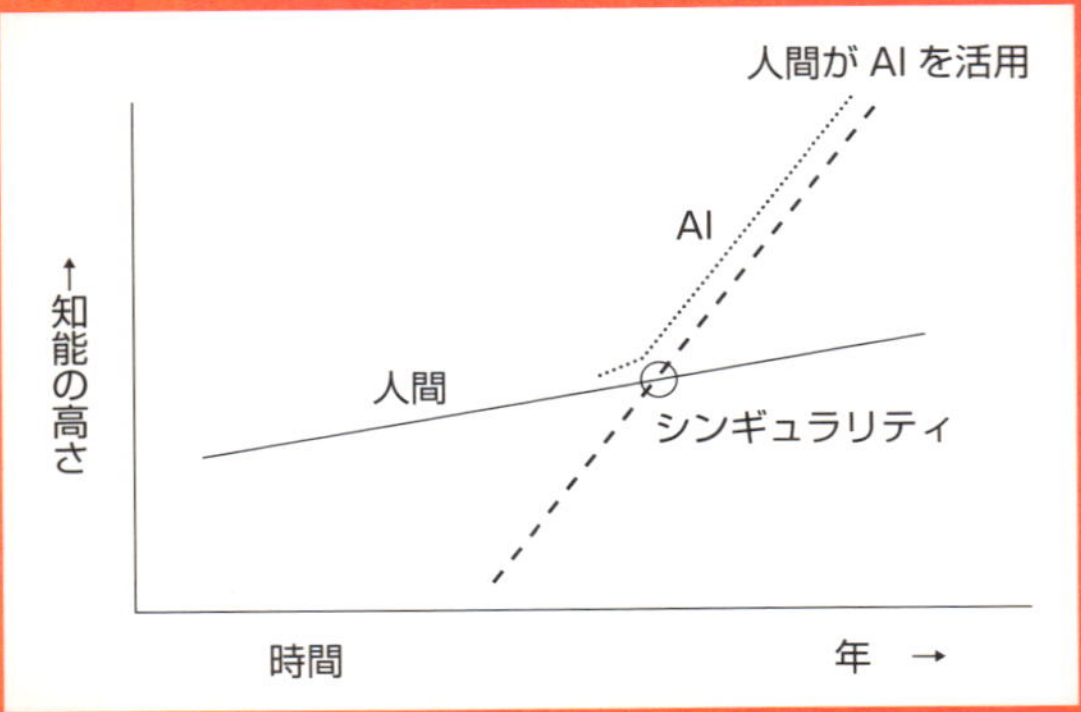

第7章

IoTでつながるビジネスの実例

42 つながるエンジン保守のビジネス化

米国のジェネラル・エレクトリック（GE）は米国でも著名な巨大企業で、旅客機用のジェットエンジンの供給者です。GEは10年近く前から、自社製ジェットエンジンの多数の部品にセンサを取り付け、動作状態を収集する体制を構築しました。

センサの出力は衛星通信ネットワークを通して同社に集められ、遠隔監視されます。もし、修理あるいは交換が必要な状況が発見されると、専門技術者が交換部品などと旅客機の行く先に派遣され、修理や部品交換が実施されます。通常は部品の点検や試験は寄港した空港や整備場など地上で実施されますが、動作状態でないため障害が発見されず、劣化が進んでしまいます。

このシステムでは、故障が発見された直後に修復が行われるため、飛行の安全が維持されるだけでなく、定時発着が確保され、空港における無駄な滞在時間を最小にできて、航空会社の利益に貢献できます。その結果、新たな注文を獲得できました。

製品のジェットエンジンをネットワークに接続して動作状況の情報を集めることで、GEは顧客に対する新しいサービスを確立しました。

GEはこのサービスを予防保全のプラットフォームソフトPredixとして外販しており、モノづくりの企業だけでなく、サービスを提供する企業として利益を上げています。さらに他の製品、例えば、機関車用ディーゼルエンジンやCTなどの医療機器にも展開しています。

製品をネットに接続して情報を集め、それを利用して新しいサービスで利益を得る、という体制の構築がIoT社会では最も重要です。

GEに限らず、回転機械の異常検出は正常時の音と現状の音とを比較するのが有効です。特性劣化が動作状況の音からわかります。

IoTプラットフォーム

要点BOX
●機器に取り付けたセンサで保守を行うシステムをサービス化

GEのIoTプラットフォームと米国のインダストリアル・インターネット

◆製造物に取付けたセンサを機器制御の効率化や保守の高度化に活用。
◆当該データ分析システムの外販により、他社製機器のデータも取り込み、プラットフォーム化。

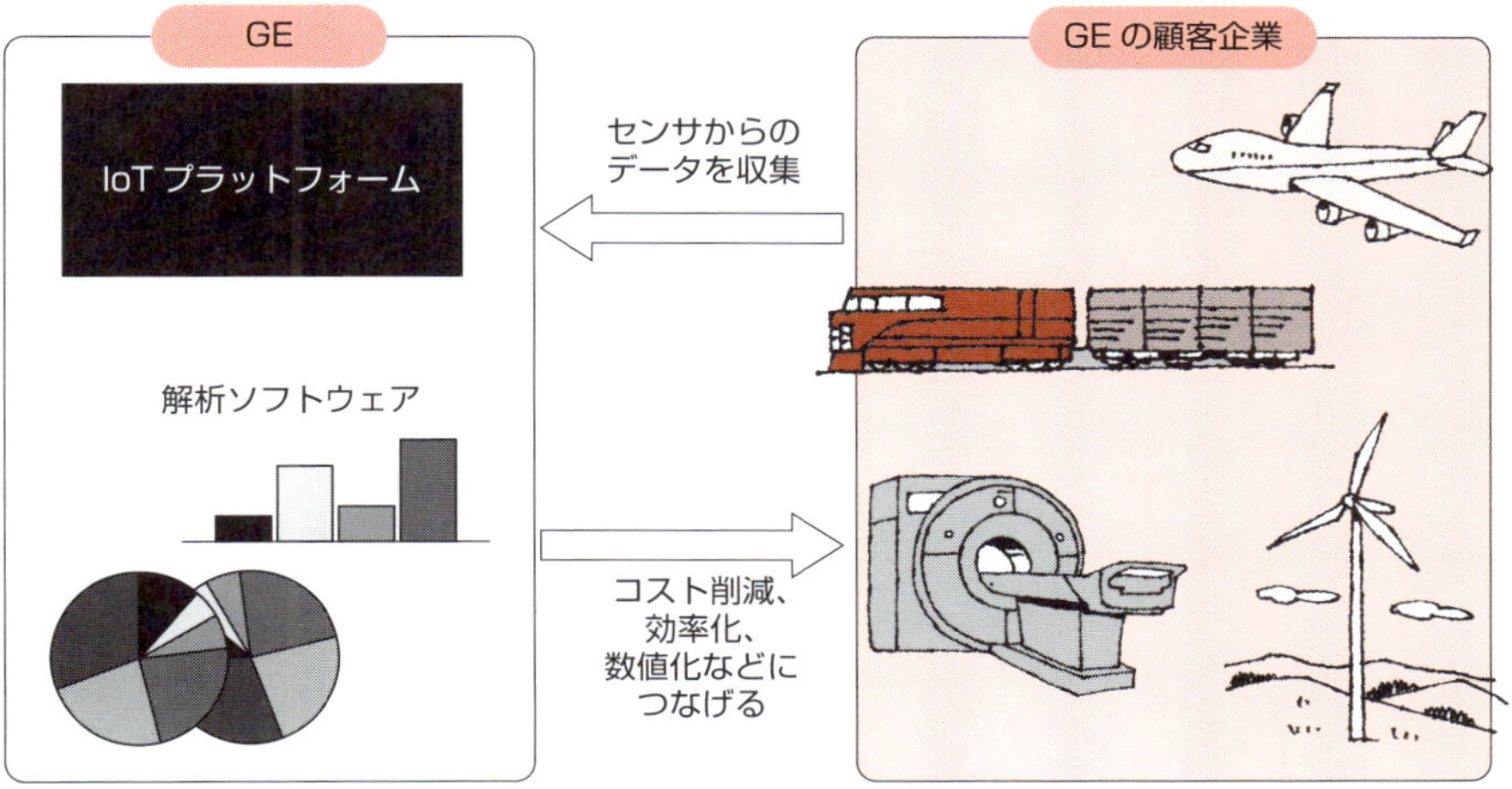

効果

・アリタリア航空（イタリア）では、年間 1500 万ドルの燃料コストを削減。

広がり

・GE など米企業 5 社が発起人となり、IoT 関連技術の標準化団体『インダストリアル・インターネット・コンソーシアム」を設立。米独日の 100 を超える企業・団体が参画。

 GE、IBM、インテル、シスコ、 AT&T など

 シーメンスなど

 三菱電機、東芝など

IoTによるものづくりの変革 経済産業省 2015-4より

43 建設機械管理から工事の情報化

ICTソリューション

コマツは建設機械の有力メーカーです。同社は製品の建設機械にGPS機器を搭載してネット接続機能を持たせました（KOMTRAX：コムトラックス）。2001年からは標準装備としています。

最初は建設機械の盗難対策でした。現場から500m以上移動するとメールが発信されます。また、遠隔でエンジンを停止できるようにしました。その結果、盗難が激減し、盗難保険も安くなりました。

得られたデータから建設機械の稼働状況を把握できれば、事前整備して工事の中断や遅延を防ぐことができます。さらに効率的な運転を指導して燃費の向上が図れました。これが同社の顧客に対する有効なサービスとなり、同社の地位をさらに高めました。

さらに同社はこのKOMTRAXをベースにサービス施工現場に拡張した「スマートコンストラクション」を提唱し、つながる建設機械を活用して、工事の施行前の調査から施行計画の立案、施工の実施、完了後の検査を実施するサービスにつなげました。事前の測量はドローンでの自動測量を活用して現場の三次元モデルを作成し、それから土をどれだけ削ったり、盛り上げるかなどを計算して必要な建機の数を求めるという、シミュレーションによる最適な作業計画です。これにより、ICT建機による作業実施、ICT建機による検査実施などの一連のプロセスを実現する現場支援のサービスです。これらは労働力不足をIT活用により切り抜ける戦略と考えられます。

過去の日本の企業のサービス部門は日が当たらず、子会社化される例が多く、技術者の意欲が高くありませんでした。IoT社会では脚光をあびる花形部門になる可能性があります。一方、サービスの質が問われるので、今までと違う努力が要求されます。

要点BOX
- ●建設機械もネットに繋がってサービスが多様化する
- ●IoT社会ではサービス部門が花形になる

コマツ「コムトラックス（KOMTRAX）」

◉ IoTの先行例

- 約40万台の建設機械を管理。GPSを搭載してネット接続機能を持たせた。
- 発売当初（1999）はオプション。盗難防止策
- 2001年に標準装備。当時1,000万円の建機で20万円かかったが決断

建機をネットに接続した結果

- 盗難対策 ： 現場から500m以上動くとメールが飛ぶ、遠隔でエンジン停止、盗難激減。盗難保険も安く
- 稼働率向上： 稼働状態を把握。異変が検知されると、事前整備し工事の中断や遅延を防ぐ
- 燃費の向上： 効率的な運転を指導。40％改善の例

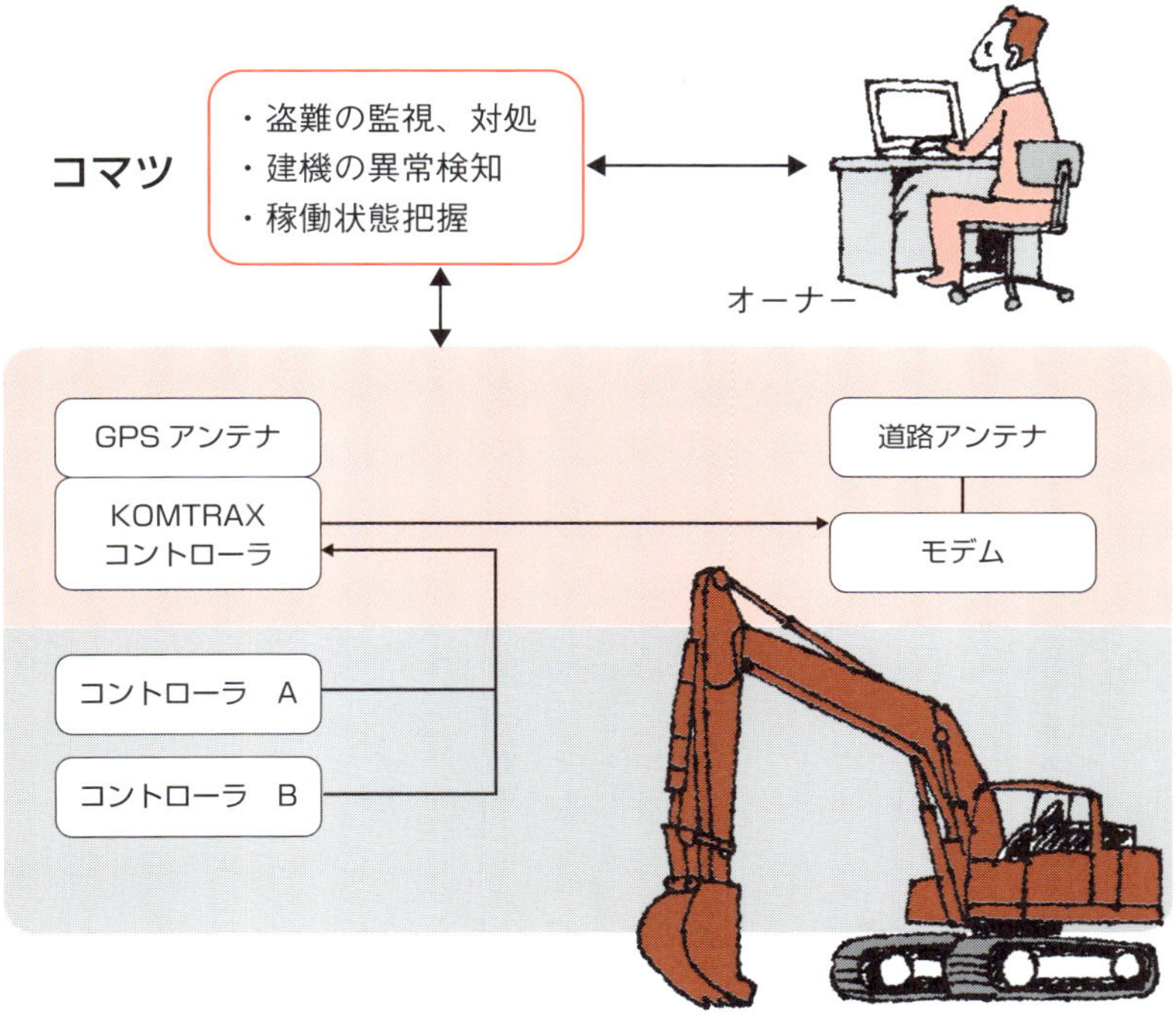

44 リモートメンテナンス

遠隔保守

装置や機器の機能に不具合を生じたときに、担当者が現地に行かず、インターネットなどの回線を通じて修復や保守を実施することをリモートメンテナンスと呼びます。不具合が発生した機器の使用者にとっては保守担当者の到着を待たずに機能の修復が行われるので、助かる一方、担当者の技術者を派遣する側は派遣のコストを節約できます。船や航空機の装置ように移動する場合は、保守担当者が現場に出向くのは困難ですから、非常に有効な手段です。ただし、修復できるのは破損したハードウェアは無理で、プログラムの実行が途中で停止するようなソフトウェアにかかわることに限られます。

リモートメンテナンスの技術が大きな成果を上げたのは惑星イトカワのサンプルを持ち帰ったハヤブサでした。ハードウェアの故障を予備の機器を利用してシステム構成を変更して機能を復活させました。

現在、パソコンの機能やバグの修復やソフトの更新がインターネットを通して行われています。

横河電機は契約したプロセス制御システムの動作を監視し、リモートメンテナンスを実施するシステムを構築しました。365日24時間オープンのグローバルレスポンスセンターを設置しています。

他にもコピー機やエレベータなど、広く普及した装置にも遠隔保守や修復が行われています。

IoT社会では、さらに機能や規模が拡大されることが予想されます。機能が回復されるだけでなく、ソフトの更新による機能の改善や拡張が期待されます。前章の電子機器の変容で述べたように、この効果が最も大きな影響を与えるでしょう。

パソコンの修復の際ネットを通して保守担当者がパソコン内部に入るので、パスワードなど個人情報が漏洩しないように使用者と保守担当者の双方が留意しなければなりません。制御システムやロボットの保守についても必要です。

要点BOX

●リモートメンテナンスシステムによる遠隔保守はIoT時代にはより発展したサービスとなる

リモートメンテナンスの例

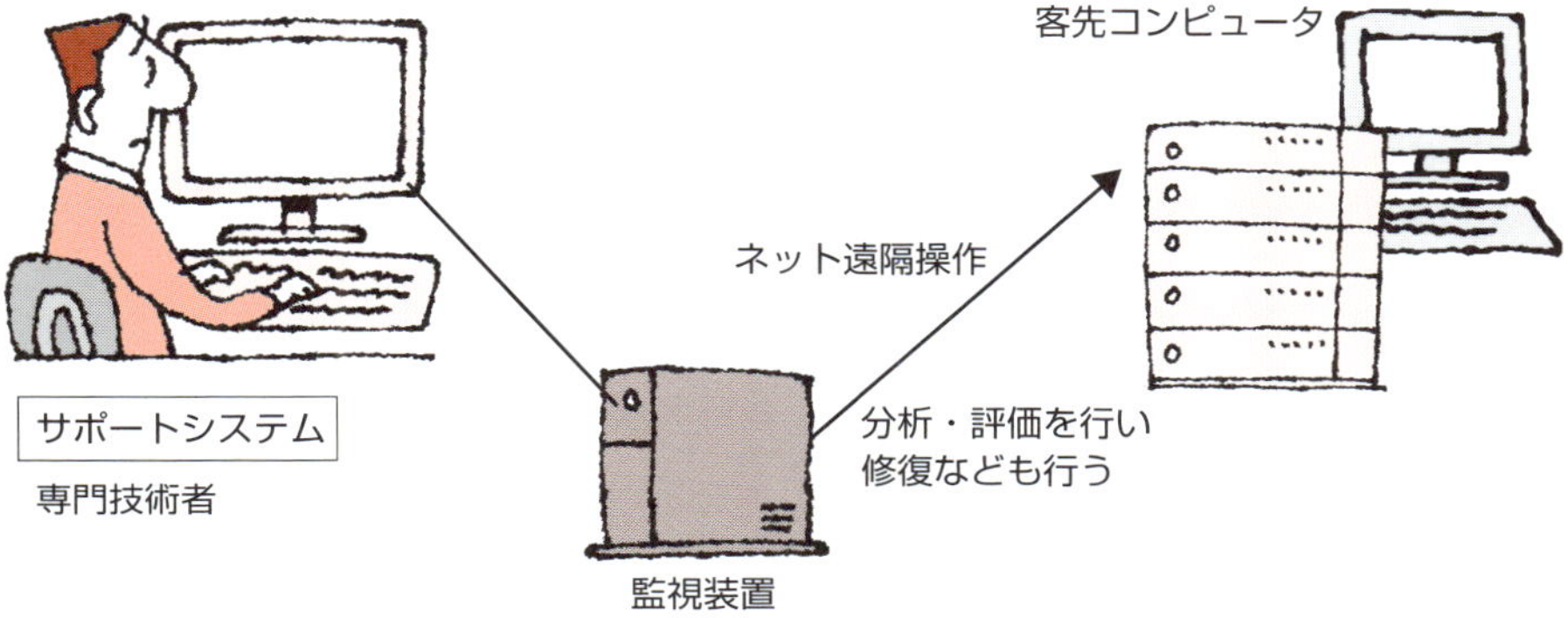

リモートメンテナンスサービスのコンピュータ。ネットを通じて客先のコンピュータに接続、専門技術者が客先のシステムにのり移ってリモートメンテナンスを実行する。

サービスの例

エレベータ／エスカレータなど 航空機、船舶エンジンなど	機能を一部制限した応急修理 技術者派遣による劣化部品の交換
プロセス工場の計測制御システム	24 時間 365 日の監視 ソフトウェアの修復 データ伝送による補修部品の発送
コンピュータなど	ソフトの不具合は ネット遠隔操作による修復 ハードの不良は専門家派遣

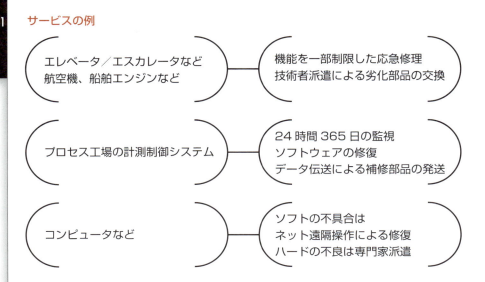

45 農工商融合による イベント駆動型農業

植物工場とセンサ活用

農業の工業化・商業化の第1歩は植物工場です。前述したように農業は典型的なスケジュール駆動型の産業です。四季の変化で播種から収穫まで時期が決定しています。農作業が実施できる場所も限定され、収穫も1年に1回と限定されています。一方、食糧の消費はほぼ1年中で、生産と消費とは異なる地域で行われます。両者のギャップを埋めるのが貯蔵、輸送、加工など、ポストハーベストと呼ばれる産業です。

スケジュール駆動からイベント駆動型にプロセスを改めるのが植物工場による生産です。植物工場には、太陽光利用型と人工光源を利用した完全制御型とがありますが、太陽光を利用すると、照明のコストが低い代わりに夏は空調のコストがかかります。完全制御型は照明から施肥まで全工程を工業的に管理した季節によらない制御システムです。通常土壌を使用しない溶液栽培で、植物の成長に従い、作付け密度を変化して照明の効果を高めます。養液も消費を最小に制御してコストを下げます。

植物工場は消費地に近接して建設すれば消費のニーズに応じたイベント駆動のシステムですから、農業・工業・商業が融合して消費者に新しい価値を提供することができます。まだ、作物が工場栽培に向いたリーフレタスやサラダ菜などの葉菜類に限られていますが、露地栽培に比べてかなり短い期間で収穫可能で水の使用量も少なくできるため、生産から消費までを一貫して考慮すると高効率です。また、この技術を灌漑用の水資源不足の国に輸出して支援できる価値もあります。

生産工程を水田や畑に頼るのであれば、センサによる情報を活用して見回りの手間を省くことや、除草や収穫工程にロボットを利用することで、スケジュール駆動であっても効率化が可能です。

要点BOX
- ●植物工場はイベント駆動の新しい農業
- ●従来の農業でも、センサやロボットの利用で効率化が可能

植物工場はイベント駆動農業

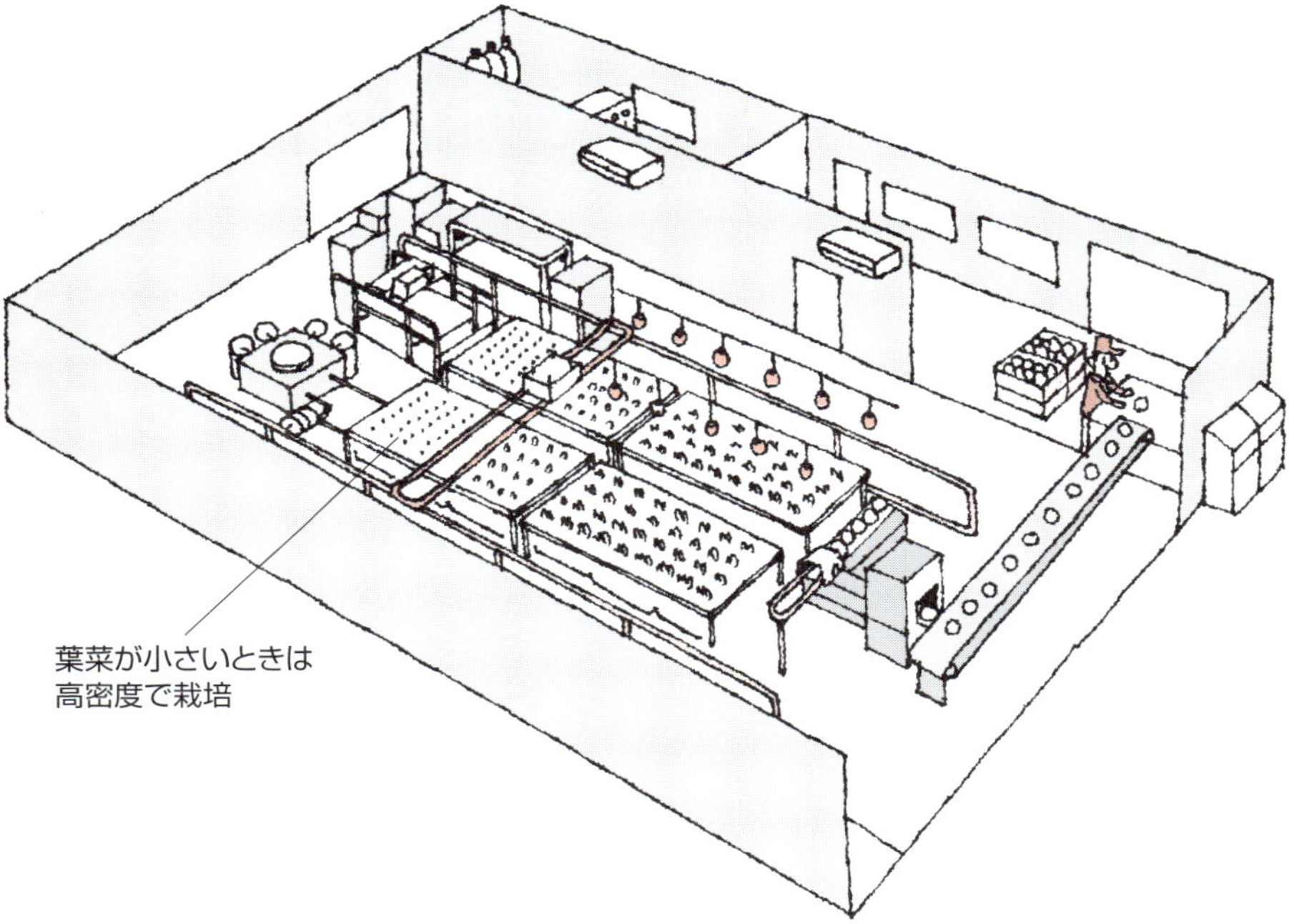

スケジュール駆動の農業では工業・商業はポストハーベスト産業を形成し、スケジュール駆動でした。

植物工場になってすべてイベント駆動となり、IoT社会における農業・工業・商業が融合して新しい『農』の形ができました。完全制御系では病虫害対策のコストが削減されます。植物工場は水の使用量が非常に少なくて済むので、水不足の国に輸出可能です。

46 車の所有からシェアリングへ

移動手段としての車を所有すると、車の購入のほかに税金、保険、駐車スペースの確保、燃料代などのコストがかかります。そのうち、燃料代以外は車が走らなくても負担しなくてはなりません。車の使用頻度が高くなければ、所有ではなく、カーシェアリングが便利です。車の購入経費だけでなく、税金、保険、駐車などのコストを免れることができます。

カーシェアリングのメンバーになると、ICカードが支給され、それが車のキーの代わりになります。インターネットを通して、最も便利な駐車場所を選んで車を予約、ICカードで鍵を開け使用します。車には必ずカーナビがついており、それにより走行経路が把握され、走行距離に応じて課金されます。車はネットでつながっていますが、シェアする仲間の顔や名前は見えません。移動のニーズのみに応じて車が使用できるサービスが歓迎され、使用者が増え配置される車も増えたので、車を所有せずとも大変便利です。

同様のサービスはウーバーです。移動を希望する個人と、空いている自家用車と運転者をネットワークで結びつけ、移動のニーズを満たすサービスです。スマートフォンで場所と行く先を入力するとタクシーと同様に自家用車が運んでくれます。料金決済はクレジットカードで行われ、空き時間にドライバーが自家用車で収入が得られる方式です。

すでにアメリカでは、ユーザーが８００万人、登録ドライバーが16万人に上りますが、わが国では白タクと見なされ、タクシー業界の反対もあって、許可されていません。

これらのサービスは、車のカーナビを活用して車をネットワークで接続し、車の所有者と個人の移動のニーズをイベント駆動で満たす新しいサービスです。

要点BOX
- ネットを通じて複数の個人が車を所有するカーシェアリング
- 新しいサービスの形はIoT社会で注目される

カーシェアリングとIoT

UBER

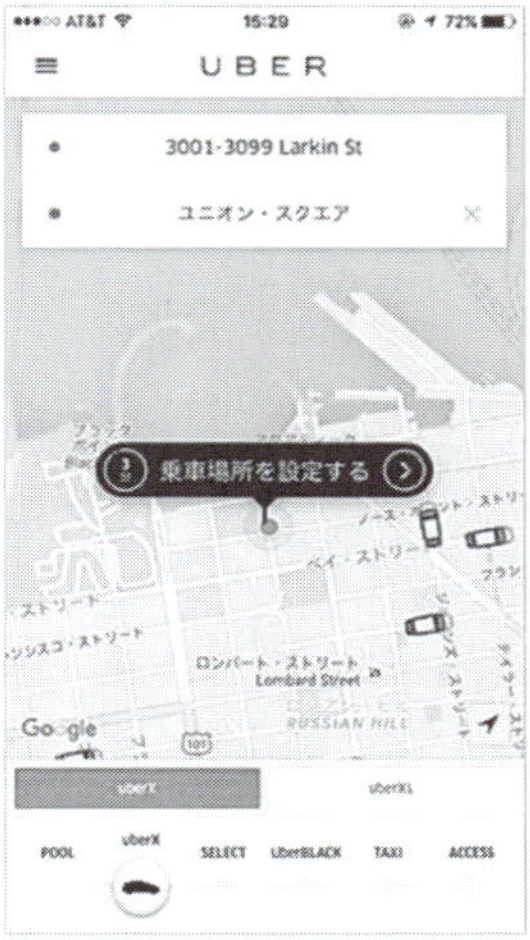

◉個人が所有する自家用車とドライバーの空き時間を活用して、タクシーサービスを顧客にネットを通じてマッチングします。
◉スマートフォン上でのアプリの利用、需給の状況をリアルタイムに価格に反映するアルゴリズムを活用することで簡単かつ安価にタクシーの配車が可能に。

●ユーザー：800万人超
●登録ドライバー：160000人
　世界63カ国で利用可能
●アプリの地図で行き先を指定すれば、ドライバーに改めて伝える必要がないため、言語が通じない旅先でも気軽に利用可能です。
●クレジット決済のため、降車時支払い不要。領収書はメールで届きます。
●ドライバーは自家用車を利用し、空き時間で収入を得られますが、日本では不許可。

カーシェアリング

　自家用車を所有していても長距離ドライブをせず、もっぱら買物や送迎がほとんどになったら、カーシェアが非常に経済的です。

　自宅の近所にカーシェアのステーションがあれば、自家用車と同様に便利です。カーシェアリングのメンバーが増加しているので、ステーションも急増しています。ただし、タバコとペット同乗は不可です。

駐車場の一部がカーシェアリングの
ステーションになっています

47 ゲストとホストをネットで結びつける

民泊ビジネス

自宅の空いている部屋を旅行者に貸し出す、いわゆる民宿ですが、これをインターネットを通して仲介するビジネス（民泊ビジネス）が増加しつつあります。このビジネスを世界に広めたのがAirbnbです。

イギリスを旅行すると「Bed and Breakfast」あるいは「B＆B」の看板が目に入ります。宿泊と朝食を提供する安価な民宿です。筆者もイギリスでお世話になり快適でした。

Airbnbのｂｎｂは「B＆B」から来ています。ホストは提供する部屋や設備の内容をAirbnbに知らせてリストに載せてもらいます。そのリストには民宿から豪華な城まで含まれています。

旅行者は必要な設備や予算を考慮してリストの中から選択して予約希望を出します。宿泊契約が成立すると、Airbnbは、宿泊代金から一定の金額をとります 。最初はサンフランシスコから始まったベンチャービジネスですが、事業が拡大し、今や世界の大都市に展開されています。

外国人旅行者が増加するのにホテルが不足している日本にもビジネスが展開されていますが、欧米の状況ほどではありません。旅行者にも有名観光地を楽しむ人たちと、その国や土地の生活を経験することを目的とする人たちがいます。後者の人たちにとって、立派なホテルよりも民宿の方が向いています。民宿を提供するホストの中にも、日本の生活を体験し、日本を深く理解してもらいたいと親善を願っている人たちが少なくありません。

多少時間がかかるかもしれませんが、日本でもこのようなビジネスが健全に展開されることでしょう。

［2018年6月、住宅宿泊事業法（民泊新法）施行］

要点BOX

●話題になっている民泊ビジネスは新しいネットサービス。IoT社会ではこのような新しいサービスがさらに増える

民泊ビジネス

Airbnbの世界中への広がり
国際的なネット民泊ビジネス

→ 日本でもすでに展開

↓

2018年6月より日本でも

住宅宿泊事業法（民泊新法）

施行

2018 年 3 月より
民泊制度ポータルサイト
「minpaku」開始
ネットを通じて普及へ

快適な設備やサービスについてはB&Bなどの民泊ビジネスはホテルにはかないません。海外からの旅行者で、日本人の生活を直接体験したい人にとって、民泊は自身の意思を実現する旅の手助けになります。インターネットは旅の意思を表明できる広い情報空間です。

48 乗客のスマホにつながるサービス

次世代列車情報管理システム

スケジュール駆動の交通システムの典型である鉄道の中でも、日本の鉄道は時刻表通りに運行するのが当たり前になっていて、乗客は少しの遅延にも敏感です。

ＪＲ東日本は新型通勤電車Ｅ２３５系導入にあたって、次世代列車情報管理システム（INTEROS）を搭載、地上―列車間の情報システムを強化しました。制御系、状態監視系ネットワークを車上にはりめぐらして、メンテナンス性を向上、故障を予知した事前対応を可能にして、一層の定時運航と安全性の向上に努めています。

特に線路や信号などの地上設備の異常を通常運行の電車が持つセンサが検出して、劣化を早期発見することなどに役立っています。

乗客に対してはディジタルサイネージ（電子看板）を車内に設置して、動画情報を提供するとともに、事故や遅延の際に状況を乗客に早く知らせる仕組みを新設しました。また、それに加えて、ＪＲ東日本アプリを開発しました。同アプリを乗客がスマホにダウンロードすると、列車の位置情報や発車時刻情報だけでなく、車両ごとの混雑状況や車内温度などが配信されます。さらに、駅のコインロッカーの空き状況などを知らせるサービスも始めました。

将来は乗客が自宅から駅に着く前に、列車の運行や路線の状況がわかるようになるでしょう。

ＪＲ貨物でも貨物駅におけるフォークリフトによるコンテナの積み下ろし作業をＧＰＳとＲＦＩＤタグとの組み合わせにより情報を収集して、荷役作業をリアルタイムに把握できるようにしました。また、列車位置や、コンテナの状況把握が可能になり、正確で効率的な運用を可能にしました。

要点BOX

●スマホアプリを活用した便利な交通IoTサービスが始まっている

IoTの交通サービスへの活用例（JRのINTEROS）

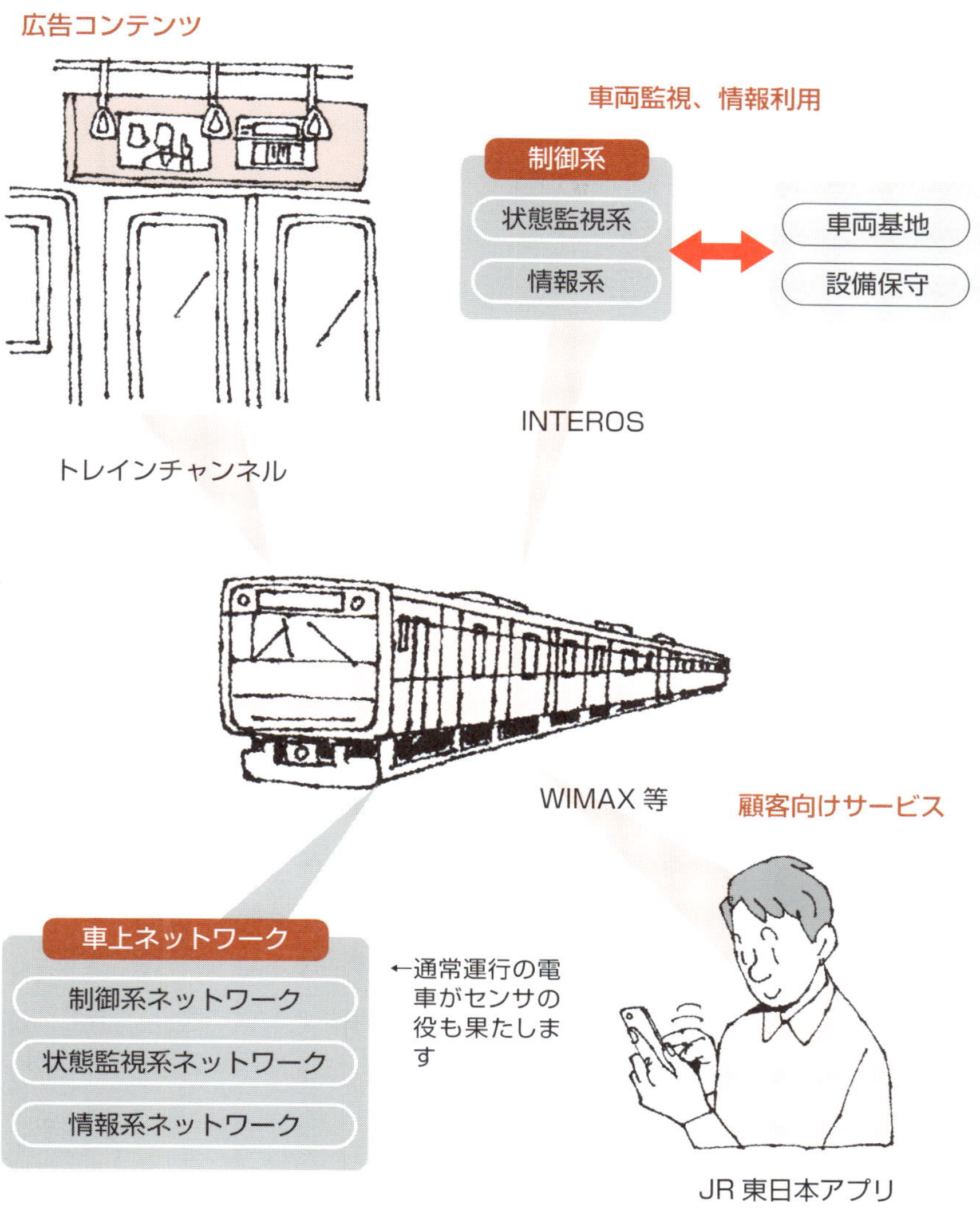

出典：『事例に見るIoTのビジネスモデル』モバイルコンピューティング推進コンソーシアム（平成29年4月1日）
東日本旅客鉄道㈱の事例より

49 つながるタコグラフが価値を生む

商用車クラウドサービス

タコグラフは車の運転状態を計測し、それを記録する計測器で、バス、トラックやタクシーなど営業用の車に取り付けられています。

旧来のアナログ型は24時間で一周する円形のチャートの半径方向に速度を極座標形式で記録していました。タコグラフもディジタル化され、記録も紙のチャートからメモリカードに変わりました。さらに、記録項目も速度に加えてエンジン回転数などが加わりました。

タコグラフの主要メーカの一つである矢崎エナジーシステム㈱は、ディジタル化に合わせて、通信回線を通して顧客の車のタコグラフを同社のデータセンターにつなぎ、運行データを集約するとともに、安全のためのクラウド型の情報提供を可能としました。

予防安全技術にもとづき、危険兆候運転を監視して警告を発するなど、事故データを活用して事故多発箇所を知らせるハザードマップを作成して配布しました。

さらに、車上のドライブレコーダやタクシーの決済端末などとも機能連携させ、ドライブレコーダーのカメラ情報を活用し、道路白線の自動認識からふらつき運転の警告を実現しました。また、前の車両を認識して、注意喚起、横断歩道の警告、路面の制限速度表示と運転速度の比較、交叉点や信号の状況認識と記録などの機能を開発中です。将来は車載の機器同士の連携や統合なども視野に入れています。

タコグラフのデータを集約することで、労務管理に関する作業時間が短縮され、燃費の改善、CO_2排出量削減などの効果が得られました。

要点BOX

●車の運転状態を計測・記録するタコグラフをクラウドサービスでネット管理することで様々な効果を生む

タコグラフによるクラウドサービス

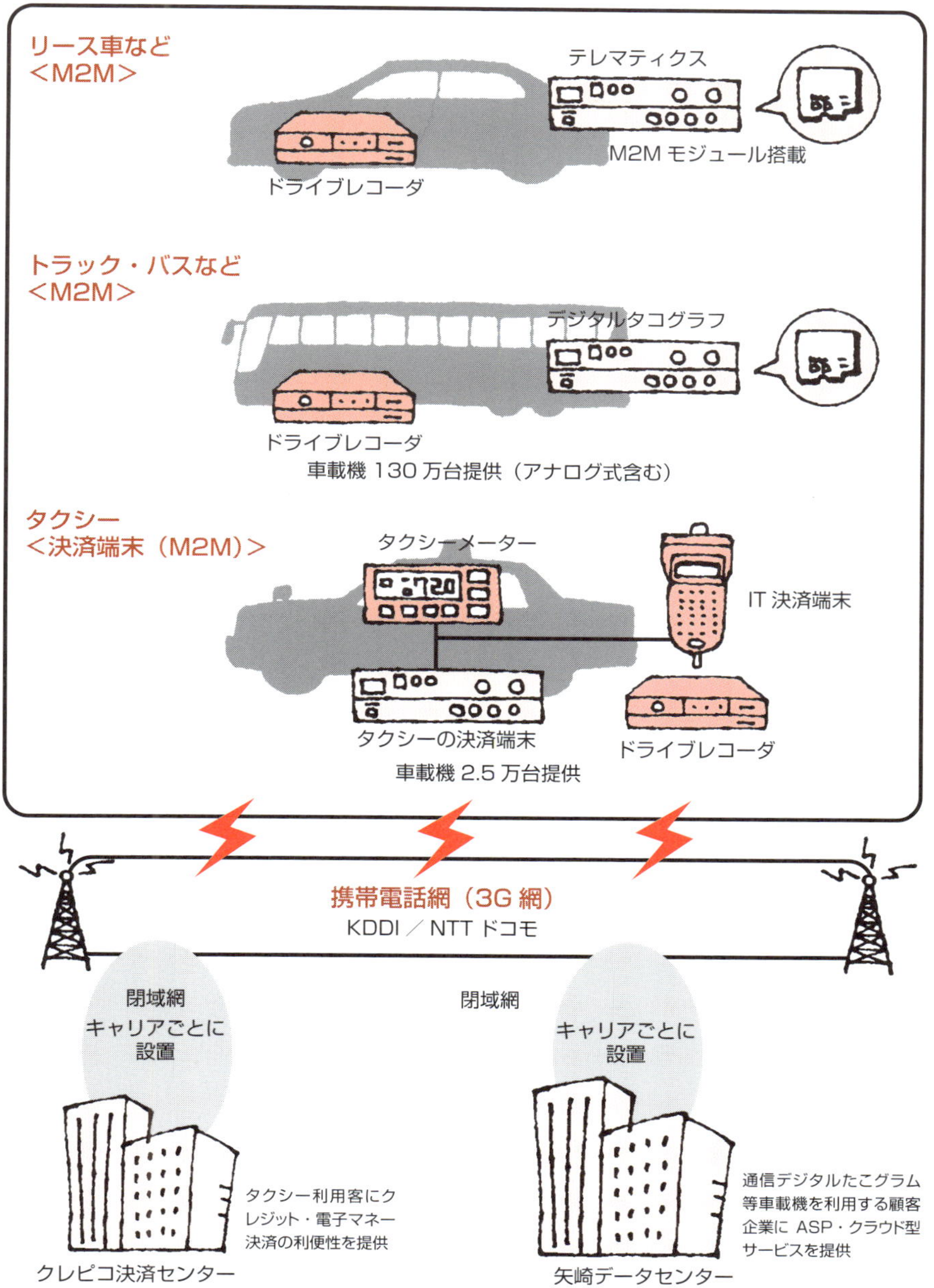

出典:『事例に見るIoTのビジネスモデル』モバイルコンピューティング推進コンソーシアム（平成29年4月1日）
矢崎エナジーシステム㈱の事例より

50

AIを活用した未病患者の発見

米国バージニア州のCARILION Clinicでは、IBMが開発した人工知能ワトソンを活用して、特定の病気のリスクを持つ患者を探し出すシステムを導入しました。見落としがちな「未病」の傾向を事前に発見することで、健康寿命の長期化をはかり、医療費の大幅な低減も期待できます。

特に心臓疾患は入院患者が多い病気です。電子カルテを使用しても、詳細な情報が医療メモに埋もれてしまうことが少なくないため、医療データから心臓疾患患者の発症を予測分析することを試みました。35万人の患者情報と、2000万件の医療メモ等のデータをもとに予測分析を実施しました。

1年以内に心臓疾患を発症する可能性のある未病患者8500人の特定に成功しました。その中の3500人は従来の分析であれば、見落としていた可能性があったと言われます。

また、「e-Cardio」と呼ばれるシステムでは心拍情報をセンサにより記録し、米国Cardio社のモニターセンターに送信すると、不整脈が生じていればデータを診断可能な形式に変化して外部の担当医に発信します。担当医は診察にその情報を活用して治療や薬の処方を実施することが行われています。

日本でも国立福井大学医学部病院において患者の心電図を病院に伝送して、救急患者の到着に先んじて患者の状況が共有されるシステムが構築されました。急性心筋梗塞患者の救命率を向上させています。

出典：『事例に見るIoTのビジネスモデル』モバイルコンピューティング推進コンソーシアム(平成29年4月1日)国立福井大学医学部病院の事例より

また、広島県呉市では国保患者のレセプト情報を分析し、糖尿病の重症化リスクが高い50～70名の食生活を指導して重症医療費の抑制を実施しています。

要点BOX

●AIの医療への活用はIoT社会でより進んでいる

AIを利用した医療［Cardio「e-Cardio」（米）］

バイタルデータ（心拍数、血糖値、体脂肪など）を自動測定して記録。
医療機関とデータを共有、医療処置の参考としています

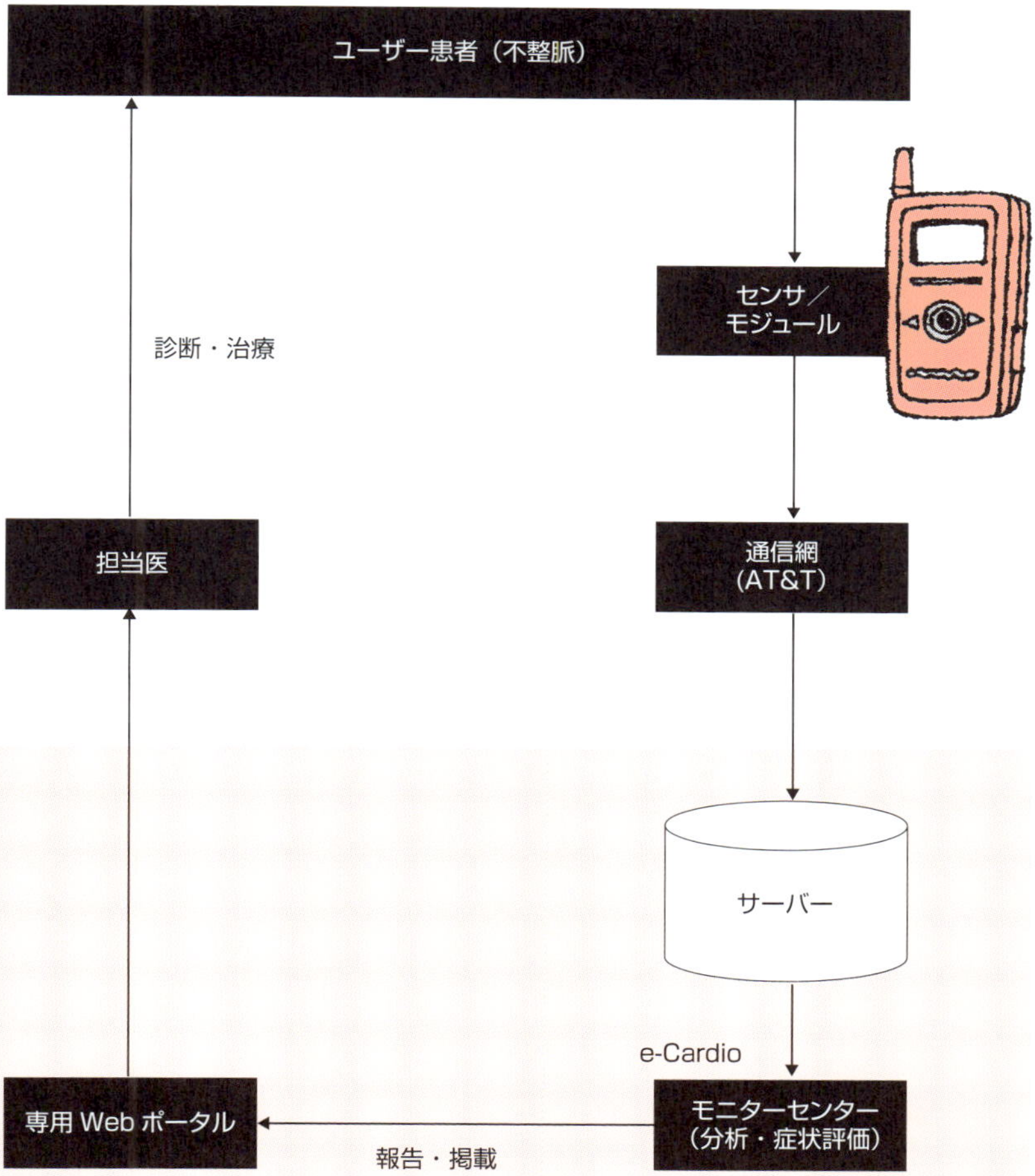

心拍情報をセンサーにより記録し、Cardio 社のモニターセンターに送信。
不整脈が生じている場合、データを診断可能なレポート形式に整理し、外部の担当医向けに発信
担当医は診察に同レポートを使用し、治療処方に活かしています。

第7章　まとめと補足

ＩｏＴ社会は「つながる」というキーワードで特徴づけられます。新しいつながりを思いつき実現したビジネスが成功しているので、実例を紹介しました。

ジェネラルエレクトリック（ＧＥ）の例では、客先に納められた製品は納入時点でメーカーとの関係が切れますが、センサを取り付けて動作状態の情報を常時集めることで、そのつながりが新しいサービスを実現し、同社の新しい収益源となりました。コマツは納入した建設機械とＧＰＳを活用してつながりを実現し、遠隔管理を実行しただけでなく、さらに土木工事を効率化するスマート・コンストラクションに進歩させました。事前の測量から工事のモデル構築、所要の土木機械の台数算出と運用まで拡張しました。

つながりは情報だけでなく、補修作業や機能向上の作業をネットを通して実行するところまできています。パソコンの修理やバージョンアップがその実例です。

スケジュール駆動の典型例であった農業が、工業技術とつながり、需要に直結したのが植物工場です。需要に応じて生産され、季節や天候の影響がないイベント駆動に変わりました。人工光を利用すると、照明の電力コストがかかりますが、貯蔵、輸送のコストが節減されます。

車で移動したい人と、車を所有するドライバーとをネットを使ってつないだのがウーバーテクノロジーです。一方、泊まりたい人と空き部屋の持ち主とをネットを介してつないだのがエアビーアンドビーでした。両方とも企画が成功し大きなビジネスに発展しました。

スケジュール駆動の鉄道では、運行企業と利用客との間をつなぎ、また、トラック、バス、タクシーなどの業界ではタコグラフを車両に取り付け、作業管理に使用していますが、そのデータをセンターで集中処理して、安全向上など、新たな価値を創り出そうとしています。

医療では、新しいつながりにより、通信システムを活用して患者情報を共有することで成果を上げています。

IoTビジネスのスタート

着　想	新しい「つながり」に気づいて つないだらどうなるか想像する
実　現	インターネットを介してつながりを 実現する
価値を実証	新しいつながりが価値を生むことを 実証する
ビジネス スタート	新たなビジネスがスタートする

Column

仮想現実感

バーチャルリアリティ（ＶＲ）とも呼ばれます。

情報環境としては存在するが、物理的には実在しない現実とされています。人の五感を通じて環境の状況は入ってきても、物理的には現実世界にその状況が存在しません。また、状況を支配する主体である人が現場には不在で、遠隔送信された情報に対応して現場のロボットを操作するので、テレイグジスタンスと言われる技術では、ＶＲ技術を使用した新しいロボット制御技術が注目されています。

初期のものは、人の頭部に取り付けたセンサの動きによりディスプレイの画像を変化させるもので、不自然さが目立ちました。しかし、画像のほかに音や触覚情報が加わって、環境に没入するほど迫力や臨場感が大幅に改善されました。

実際の用途はゲームのほか、シミュレーションなどに多用されています。特に操作の失敗が人命の危険を伴うような航空機の操縦や、麻酔、手術などのシミュレータでは、初心者の訓練における危険を避ける有効な技術として、社会に役立っています。また、テレイグジスタンス技術では、高い放射線強度や有毒ガスの存在など、危険な環境でロボットが作業し、人はロボットの環境に身を置く感覚で、安全な環境で作業を進めることができます。

ＶＲにおいては、センサの役割が非常に重要で、頭部や指の動きを検出するセンサや視覚、触覚センサの応答速度が早くないと、映像に反映するのが遅れ、臨場感が大幅に低下し、不自然さが増します。

今後予想されている応用として、博物館や美術館などが予想されます。従来は近づいたり、直接触ることができないような展示物の鑑賞など、情報技術やセンシング技術など援用して新たな鑑賞と体験を与えることが考えられます。

第8章
IoT社会の課題

51 セキュリティ確保のための機能分散

サイバーテロの恐怖

あらゆるモノがネットにつながるＩｏＴ社会で、個人の希望がネットを介して実現して便利になるのは大いに結構なことです。しかし、ネットから個人の安全が脅かされる危険が増えはしないか、情報のセキュリティは大丈夫か、と誰もが思うに違いありません。すべてをネットにつなぐのは、すべてをオープンにすることですから、悪意を持つ人たちの侵入を防げないのではないか、と心配するでしょう。

インターネットは本来、攻撃に強いネットワークとして開発されましたが、ＩｏＴ社会がサイバーテロにより破壊される最悪の状況も想像できてしまいます。どうしたら、この社会の良さを実現し、しかも安全を確保できるか。技術だけでは解決は無理な問題かと思いますが、実現できそうな範囲で主な対策をあげてみましょう。

まずＩｏＴ社会の一部が破壊されても、全体への被害拡大が抑えられる、機能分散型のシステム構造にすべきでしょう。すべてがつながり、何でもできるというのは、最も危険と思われます。

社会から得られる便益と社会が襲われた際の安全とを完全に両立させるのは困難です。そのために、必要な機能と資源を整理し、被害の拡大を限定する必要があります。特に行政、エネルギーや交通など、社会のインフラに対する国際的規模のサイバーテロ攻撃に対しては、システムの大きさの最適化が必要と思います。

ネットにつながり、かつ分散した機械の知能を利用して安全を補強する仕組みを構築しておけば、機能分散型のセキュリティ・システムが実現できます。セキュリティを重視するあまり、非常に使いにくいシステムができてしまうのは困りものです。使いやすさとセキュリティとの適切なバランスが大切で、そこにシステム設計者や使用者の創意がこめられると思います。

要点BOX
- IoT社会ではネットがテロの標的になる
- 機能分散型のシステムなどがセキュリティ確保に必要

システムの利便性とシステムのセキュリティはトレードオフの関係

機能を集中すればするほど
利便性は拡大
機能を集中すればするほど、
セキュリティ確保は困難

機能を分散すれば
利便性は低下するけれど
セキュリティ確保は容易

安全を確保するため、
機能は制限されるが、
慣れることで利便性が
確保されますよ!

52 顔が見えない社会

責任の明確化

ネットですべてのモノがつながるＩｏＴ社会において、車と車がつながり、モノとヒトとがつながり、新しいサービスが生まれるような社会は大歓迎ですが、肝心な人と人のつながりが失われてはならないと思います。

筆者が気になるのは、ネット社会においては、人の顔が見えないことです。例えば、カーシェアリングにおいても、同じ車を共有している人の顔も名前もわかりません。

さらに、インターネットが社会を動かす基軸になったにもかかわらず、それを駆動している人の顔が見えないことです。顔が見えないと、それがもたらす情報の真否の確認が困難です。インターネットの匿名性に制約を設け、顔が見える社会にすることが必要と思われます。顔も名前も見えない社会では、個人の不満が社会に向けられる悪意となりかねません。イベント駆動の社会において、イベントのドライバーの顔が見える社会である必要があります。

それだけでなく、すべてがネットでつながるため、すべてが早く進行します。そのスピードについていけるのは、限りある一部の人たちでしょう。変化が早い社会では、対応の早い人が勝ち、勝者がすべてを取るような社会になりかねません。小選挙区の選挙では勝者だけが生き残り、敗者は生きる場がなくなるように、力の差、貧富の差などが拡大するシステムになりかねず、強烈な格差社会が誕生する恐れがあります。

合理性が尊重されるのはよいとしても、人のぬくもりが失われてはなりません。そのためにも、顔が見える社会でなければと思います。

これがネット社会が直面しかねない重要な課題となるでしょう。

要点BOX

●IoTでは、人の顔が見えにくくなる
●すべてがネット処理でスピードアップする社会は格差社会を生みかねない

顔の見えない社会、顔の見えないネット

顔の見えない無気味さが気になります

●ネットですべてがつながる
●ネットですべてが動く

⇩

イベント駆動の責任は?

匿名では責任の所在が不明です

53 製品は壊れてもサービスは続く

構想設計の重要性

IoT社会では、価値の主体はモノではなく、サービスにあると言えます。モノはサービスを具体化するためのツールですから、モノが壊れてもサービスを続けなければなりません。

従って、製品の設計段階が、いままでとは異なり、新製品の開発は敷居が高くなります。サービスを価値の主体とした製品の構想設計が重要となるからです。構想設計の段階で、サービスの内容が決まり、製品のライフサイクルコストが決定されてしまうのです。

第6章の「電子機器のソフト化」で述べたように、製品はネットを通じての機能向上が可能で、10～20年のシステム寿命を予想したサービスが可能となるように、機能の拡張性への配慮が欠かせません。長く続けられるサービスだけが顧客を引き付けることが可能になります。

新しい製品を開発するためのマーケティングだけではなく、その前に新しいサービスそのものを開拓するマーケティングが必要で、これが、モノづくりに徹していた企業にとっては新たな課題となるでしょう。

サービスは長く続くので、企業の盛衰を左右します。長い時間軸と深い洞察力を持った未来予測や、課題の検討が必要です。それにどのようなソリューションを提供できるかが、サービスの決定に重要な指針となるでしょう。

固有技術や自前主義に過度にこだわらず、異業種との提携も視野に入れた柔軟な選択が要求されます。日本企業には異質ですが、経営もボトムアップではなく、優れたトップの決断が要求されているように見えます。

要点BOX

●新しい製品ではなく、新しいサービスそのものを開拓するマーケティングが必要

製品は壊れてもサービスは続く

機械や設備には寿命があるが、サービスには寿命がありません。

高速道路のトンネルの天井板が落下した事故がありました。高速道路トンネルの役割は自動車交通を確保するサービスを提供することです。

設備や納めた製品が壊れても、サービスは続きます。

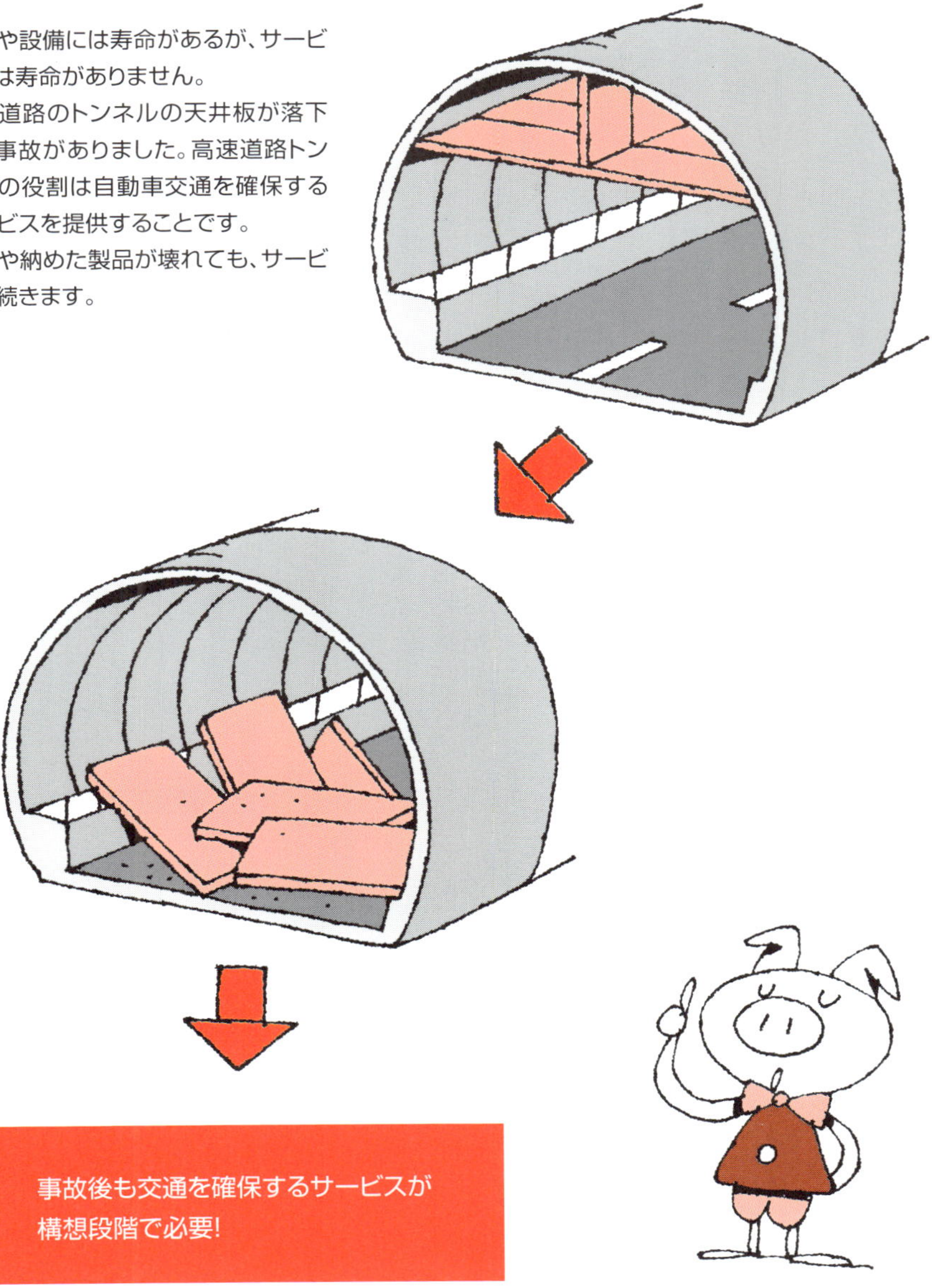

事故後も交通を確保するサービスが構想段階で必要!

出典：古谷隆志ほか共著「安心できる安全のための本」日本工業出版、2018年5月

54 イベント駆動になり切れない医療資源の偏在

医療サービスとIoT

前にも述べたように医療は個人の健康への障がいで起動されるイベント駆動のサービスであるべきです。未病の状態で、心臓発作などの障がいを予知して、早期に手を打つシステムが実現している一方で、大病院では、患者が多く、長時間待たされるうえ、診察は数分という状態が解消されません。

医療技術が高度に専門化していることと、CTなどの検査システムとそれを扱う専門家が大きな病院などに偏在するため、患者は遠くから移動し、長時間待たないと医療の恩恵に浴すことができないのです。

そうした理由で、時間がとりにくい働き盛りの人たちの異変の発見が遅れ、手遅れになってしまうことは、何としても避けなければなりません。

解決は容易ではありませんが、検査、診断などの専門知識の距離的な偏在を、通信ネットワークによる情報伝達で克服して状況を改善できるのではないかと思います。

医学の専門細分化、治療の専門化はさらに進み、体外から疾患を可視化できる医用画像機器の技術も進んでいるので、医療資源の偏在は容易に解消しません。

偏在の解決手段として、インターネットによる医療情報の移動による遠隔診断や治療が、ＩｏＴ社会では現実的に期待されています。そうしないといつまでたってもイベント駆動社会になりません。福井大学医学部では、救急現場から病院に心電図データを送るシステムを開発して、救命率向上の成果が上がりました（132ページ参照）。

ここにあげた難しい課題を克服するとともに、医療が最も多くの人々の人生に価値をもたらすサービスとして、ＩｏＴ社会の中で最重要な地位を占めることを願っています。

要点BOX

●IoTの活用で医療サービスの偏在化の解決が期待されている

イベント駆動になり切れない医療

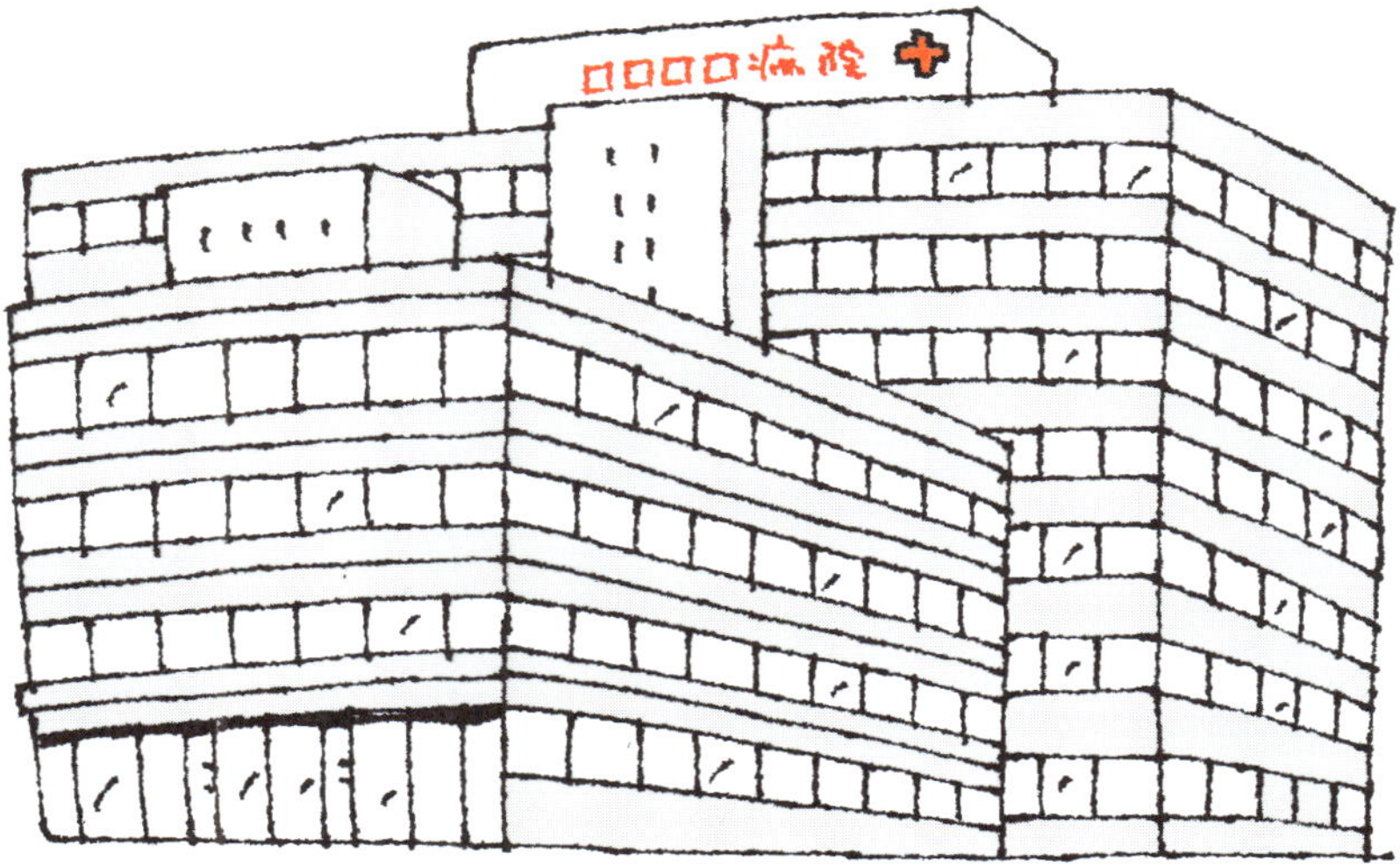

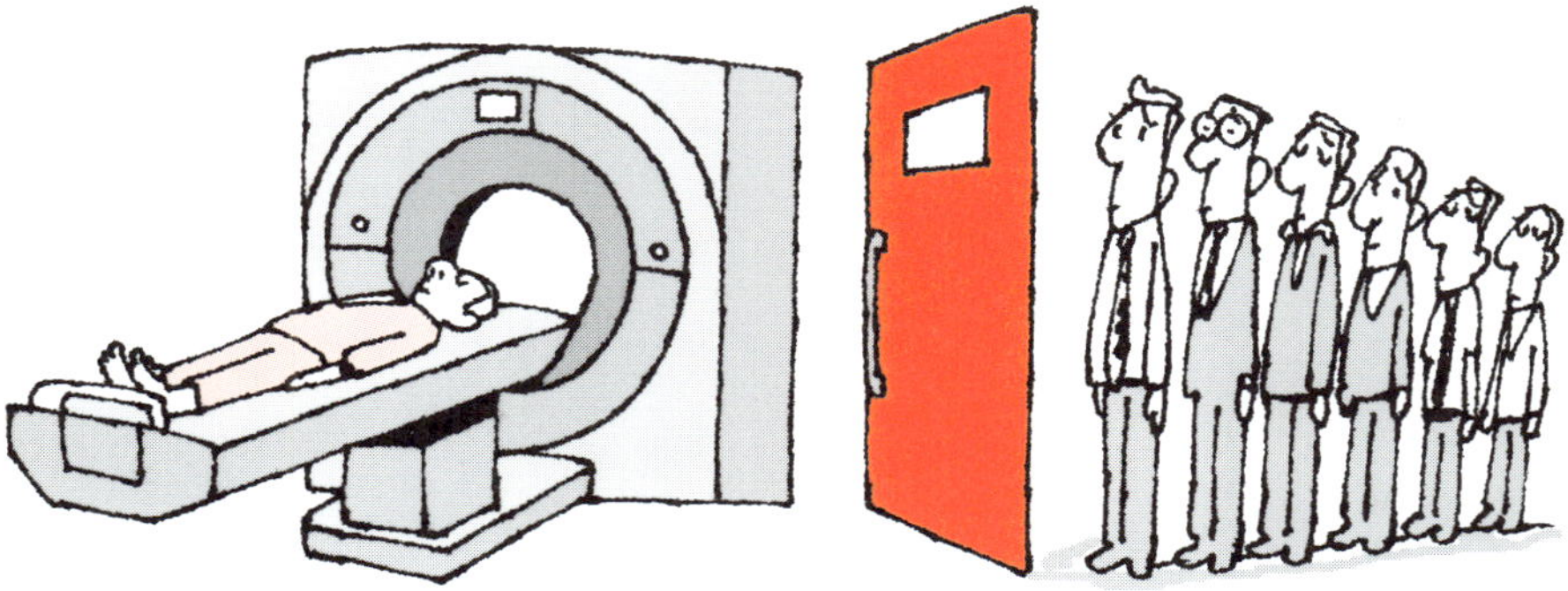

CTやMRI など、高価な医療設備やそれらを扱う専門技術者、または先端医療の専門医師などは、大都市に集中しがちです。地方やへき地の患者は大病院のある都市まで出かけて診療を受けないといけない状況が問題です。

55 ビジネスモデルの崩壊とビジネス組織の変革

企業の転機

ＩｏＴで何ができるかと聞く企業経営者が少なくありません。何ができるか、製品やモノを中心に考えてしまうのが、日本の経営者の特徴と言われます。主体がモノではなく、サービスであることを理解しないと、ＩｏＴに対する戦略が出てきません。ましてや企業の転換は望めません。

今まで、モノづくりに徹してきて、ひたすらモノの品質を高めて利益を上げていた企業にとって、価値を生むのがモノではなく、形の見えないサービスであることに切り替えることは容易ではないでしょう。しかし、経営者の頭の切り替えは、避けて通れません。

これまでのビジネスモデルが通用しないので、新しいモデルが構築されなければなりません。それに伴い、企業の組織も変わらざるをえません。ネットに接続機能を持つ新しい製品の設計が変わります。機械工学的要素が多かった製品設計が、ソフトウェアを生む複雑なシステムの一部であり、内蔵しているソフトウェアのほかにクラウド上にもソフトウェアを持つシステムの設計に変わります。その結果、製品の価値において、システムエンジニアリングの要素が大きくなるでしょう。従って、製品開発の組織が変わります。製品の製造や品質管理を行う組織も変わらざるをえません。

製品の機能はネットを通して改善が可能なので、機能の改善や拡張などにフレキシブルな対応が必要になる一方、ソフトウェアの品質管理が重要となります。

企業の組織は、この大きな価値の転換に柔軟に対応していかなければなりません。企業のサービス部門は設計や製造の尻ぬぐいの役を引き受けて、利益を上げにくい部門でした。ＩｏＴ社会では企業と顧客の間をつなぐ花形部門です。サービスの質によって企業の利益が左右されます。

要点BOX

- ●モノをつくるビジネスからモノでサービスを生み出すビジネスへの転換
- ●企業の組織もIoTで大きく変わる

IoT時代のビジネスモデル

業界の壁を越えた連携、ハードウェアよりもサービスへの価値の転換が起こり、従来のビジネスモデルには転換が必須となる。

▶全ての産業でデータを核としたビジネスモデルの革新が生じる

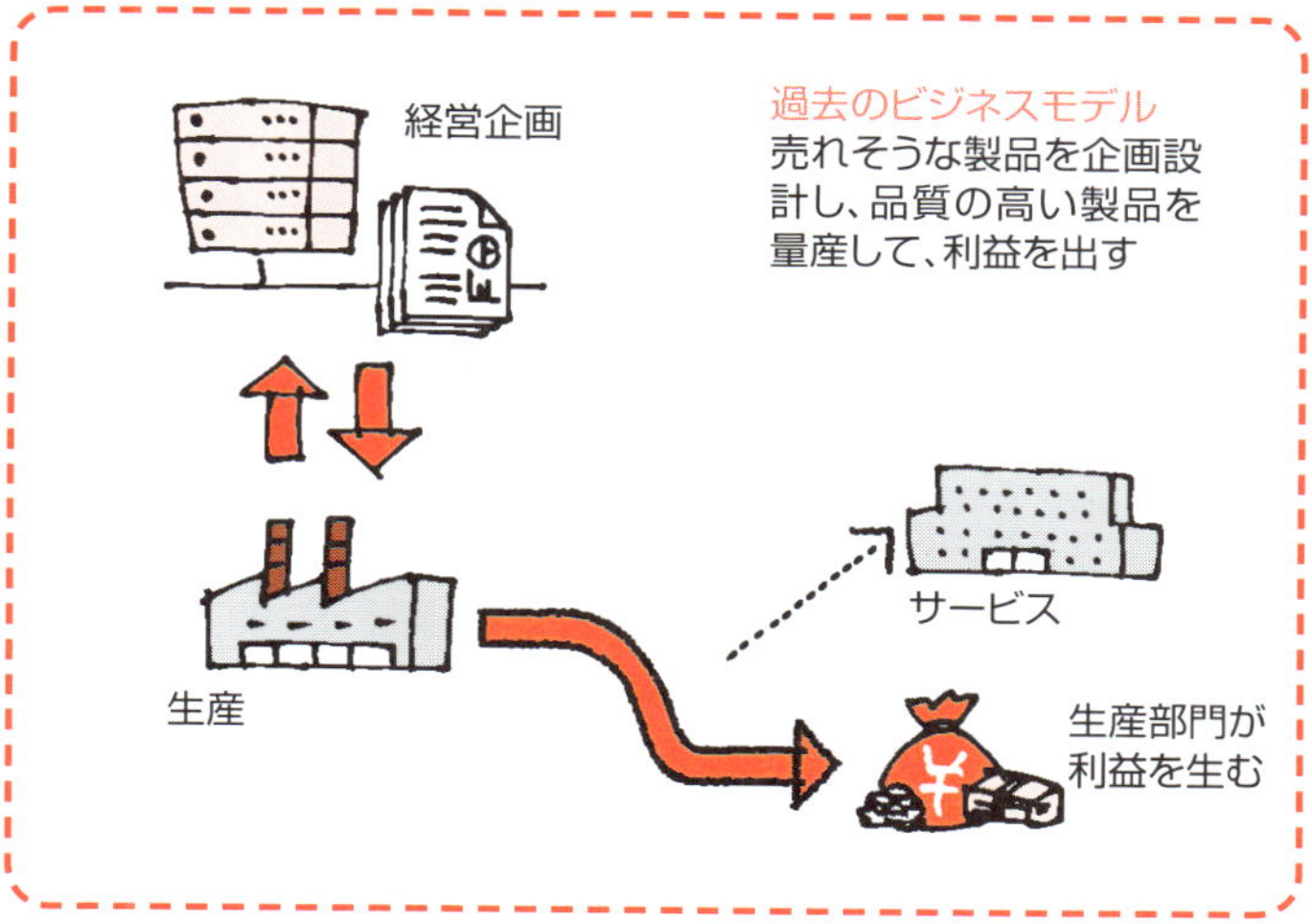

▶これまでも、モバイル分野では、端末とサービスをつなぐOSがプラットフォームを構築し、機器からサービスに付加価値が移行。機器はコモディティ化し、競争力の源泉を喪失

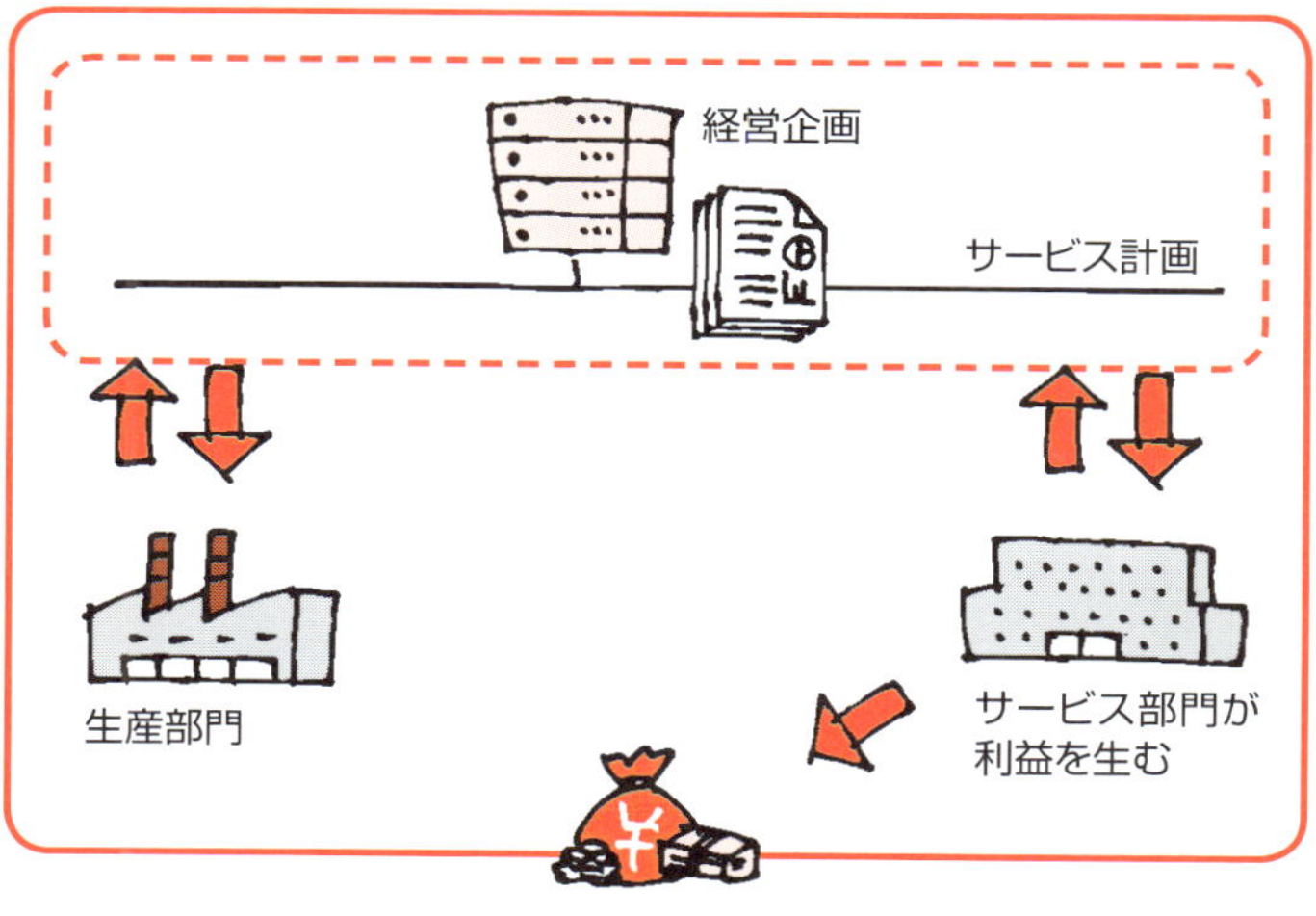

56 なんとかなりませんかパスワード社会

個人セキュリティの強化

パスワードが違うとのことで、ログインできないことは誰でも経験があると思います。「パスワードを忘れた方はこちら」とあるのをクリックするのは筆者ばかりではないでしょう。

セキュリティ確保のためとはいえ、「定期的に変更することをお勧めします」さらに、「パスワードは氏名や誕生日などから容易に推定できるものは使わず、人に見られないように保存してください」と注意されると、煩わしく感じてしまいます。

インターネットは人と人とを結びつけるツールですが、導入されたパスワード、それが、人とモノ、さらにはモノとモノとをつなぐところまで拡張されるのがＩｏＴ社会です。

だからこそモノであるＩｏＴ機器にもパスワードを付けて管理する必要があります。現に攻撃を受けて機器が乗っ取られ、攻撃の踏み台として利用されたり、直接被害を蒙る例が出ています。

攻撃された調査例によると、機器のパスワードが、メーカーで出荷時にとりあえず付けられたデフォルトのままになっていて、簡単に破られる例が多いそうです。少なくとも使用者側で変更して、セキュリティを強化する必要を感じます。

筆者はパスワード社会を好みません。しかし、インターネットが国際的につながっており、外国からの攻撃も多いので、多少の不便をしのいでパスワードを使わざるを得ません。将来、より優れた認証技術が開発されることを願いますが、また、それを破る手法も開発されるので、なかなか楽観はできません。

ＩｏＴ社会では、個人の不注意でセキュリティが破られると、モノや組織まで破壊されることがあり、多くの人たちにも迷惑がかかります。わずらわしく感じてもパスワードに注意するのが、この社会のエチケットです。

要点BOX
- ●パスワードはセキュリティの第一歩
- ●IoTではモノにもパスワードが必要になる

パスワードを忘れた方はこちら

パスワードの安全性を高めるには

- 姓名と結びつかない
- 同一パスワードを使いまわさない
- 電話番号や誕生日と関連性がない
- 定期的に変更する

安全なパスワードは忘れやすい
IoT社会では、モノにもパスワードをお忘れなく

57 人材の育成

IoT社会のオープン化

コンピュータやAIが強力になっても、それを組織し、運用するのは人材です。まして社会の大きなパラダイム変換の中で、進むべき道を見極めて革新を進めるには、視野の広い優れた人材が必要です。IoTの変革を進める先見性と専門知識を持つ人材をどのように確保するかは、社会や企業にとって、大きな課題です。

専門知識を持つ人材が現在どのような組織に属しているか、所属を調べた結果によると、大半がICT企業に偏在していると言われています。そのためかどうか、IoTのフィロソフィーや応用の広がりは後回しにされ、ツールとしての技術の細部に関心が集中するきらいがあるように思えてなりません。

IoT社会が展開する前から、それを促進するために技術者教育や検定試験や免許制度などの導入を考えている人たちがいます。その人たちの努力により、専門家の教育やIoT人材の育成ができれば、これに越したことはありません。さらに、専門知識を持つ人たちがICT企業だけでなく、社会の各層に広く分散して力を発揮されることが望ましいと思います。

一方で、憂慮する声があることも事実です。検定制度や資格制度が専門知識を独占して、閉じた社会集団を形成してしまうことです。専門家集団はある程度人数が増加すると、自分たちの利益を優先して、新たな人材が仲間に加わることを抑えることが憂慮されます。

IoT社会が誰にでもオープンですべての人に活躍の機会を与える公平な社会を目指すものであってほしいと強く願っています。

IoT社会のシステムが、勝者がすべてをとるような、社会格差が増大するメカニズムになるのは、何としても防がねばなりません。

要点BOX
- ●IoT人材の育成は社会の責務
- ●専門知識を独占しない制度が必要

IoT社会を支える人材の育成

IoT

ioT社会も人間の社会です
その将来は育成される人材に
かかっています

第8章 まとめと補足

本書の最終章として、ＩｏＴ社会の問題点や課題を集約しました。オープンなネットワークに、すべてがつながる社会と聞けば、セキュリティは大丈夫かと思うのは当然です。一方、国境を越えたサイバーテロなどの話題が流れると不安になります。いろいろなセキュリティ対策を施した上で、行政のシステム、社会のインフラに関わる関係では機能を分散し、もし侵入されても、被害を局限化できるようにするべきでしょう。

人だけでなく、モノにもパスワードが付くことになります。セキュリティ確保のためとはいえ、非常に煩わしい手続きが必要な社会が受け入れられるとは思えません。利便性と安全性とのトレードオフが必要です。

ＩｏＴ社会に流れる情報は、すべて真実とは限りません。真実か否かの確認は容易ではないので、情報の発信源を明らかにすべきでしょう。インターネットの匿名性に制限が必要と思います。

最も大きな影響を受けるのはビジネスでしょう。価値がモノからサービスに変わり、製品の設計が大きく変わるからです。それに伴い、わが国の企業のビジネスモデルが変化し、自前主義やボトムアップ経営も変わらざるを得ないと思います。経営者が将来を洞察して変化を見極め、ビジネスの変革を図る必要があります。

技術や社会の変化に対応するためには、優れた人材が多数養成され、情報関連企業だけでなく、社会に広く定着して活躍してもらわねばなりません。

従って、人柄と才能に優れた人材の養成と適正な配置が、非常に重要な課題です。

大きな社会の変革が起きる際には、変化を先取りした強者が利益を独り占めし、弱者は格差の増大に悩まされる状況が繰り返されてきました。

この新しい社会がすべての人に平等に機会を提供し、弱者に対する思いやりに満ちた社会になることを、筆者は心から願っています。

IoT社会の課題「やさしさが必要」

○セキュリティは必要最小限度に

●重要な社会機能は分散化
　全面崩壊を回避

●インターネットはすべて実名で

○変革が求められる日本の企業
- 自前主義からつながる企業との協業重視
- 価値がモノから人にやさしいサービスへ

●志が高く、柔軟な頭脳を持つ人材の養成と適正配置

○弱者への目くばりを決して忘れない
- 人を思いやる技術を！

Column

重要な製品構想段階の検討と設計手法

製品開発においては、構想段階、概念設計、基本設計、生産設計などの段階があり、順次進められていました。前の段階で決定したことが、次の設計段階では与えられた条件となり制約になる一方、大量生産される製品では、後の段階ほど重要で、企業の収益に影響します。

ＩｏＴ社会では、製品の価値はモノではなく、モノが媒介するサービスになります。モノは壊れても、サービスは継続しなくてはなりません。そのため、最初の構想設計が非常に重要となります。いかなるサービスをどのような形で提供するか、これを決定するのが構想段階ですから、サービスの成否を決定すると言っても過言ではないでしょう。

別の表現をすれば、大部分の設計変更は設計の初期段階の検討不足が原因で生じます。一方、製品のトラブルは最終段階か、販売開始後に発生します。

そのためには設計段階においてサービス機能を階層化し、階層ごとに機能を細分化して明確に定義し、より上位の階層から下の階層へと設計作業を順次進める必要があります。

また、ハードウェアは機能を単純化して長寿命化し、サービス機能の向上や拡張はソフトウェアの変更で実施するやり方が合理的と言えるでしょう。

重要な製品構想段階

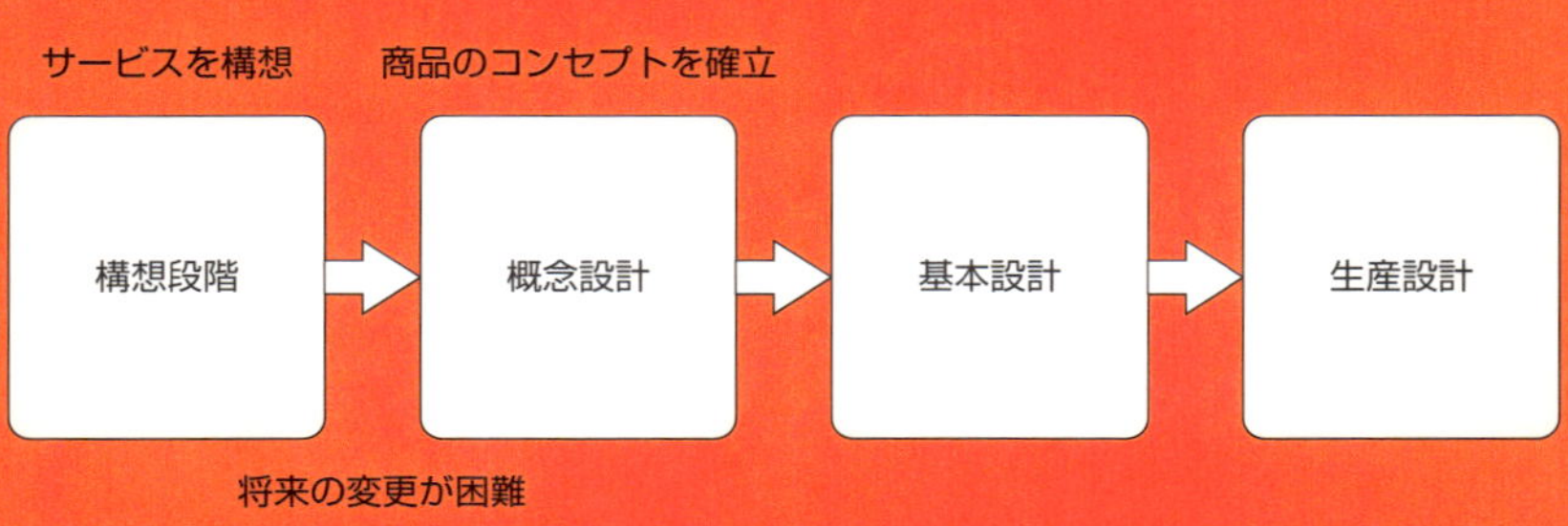

【参考文献】

●IoT一般

(1)IoT技術テキスト　リックテレコム　2016年10月
(2)伊本貴士ほか著　IoTの教科書　日経BP社　2017年8月
(3)ハーバード・ビジネス・レビュー編集部　IoTの衝撃　ダイヤモンド社　2016年9月
(4)未来投資戦略2018　Society5.0 データ駆動社会への変革　内閣府　2018年6月
(5)人口減少時代のICTによる持続的成長（情報通信白書）　総務省　2018年7月

●IoT実例

(6)よくわかる生産現場のIoT（工場管理2017年4月臨時増刊号）　日刊工業新聞社
(7)事例に見るIoTのビジネスモデル　モバイルコンピューティング推進コンソーシアム監修（MCPC）　2017年4月

●インターネット

(8)西村吉雄著　イノベーション＝技術革新ではない　日経XTECH　2018年3月
(9)西村吉雄著　電子情報通信と産業　電子情報通信学会　2014年3月

●センサおよびセンシング

(10)山﨑弘郎著　トコトンやさしいセンサの本　第2版　日刊工業新聞社　2014年12月
(11)山﨑弘郎著　センサ工学の基礎　第2版　オーム社　2014年9月
(12)山﨑弘郎著　センシングの基礎　シリーズ現代工学入門　岩波書店　2005年4月

●信号処理

(13)森下巌、小畠秀文共著　信号処理　計測自動制御学会　1982年7月

今日からモノ知りシリーズ
トコトンやさしい
IoTの本

NDC 548

2018年 8月30日 初版1刷発行
2019年 3月29日 初版2刷発行

発行者 井水 治博
発行所 日刊工業新聞社
東京都中央区日本橋小網町14-1
(郵便番号103-8548)
電話 書籍編集部 03(5644)7490
販売・管理部 03(5644)7410
FAX 03(5644)7400
振替口座 00190-2-186076
URL http://pub.nikkan.co.jp/
e-mail info@media.nikkan.co.jp
印刷・製本 新日本印刷(株)

●DESIGN STAFF
AD ―――――― 志岐滋行
表紙イラスト――― 黒崎 玄
本文イラスト――― 小島サエキチ
ブック・デザイン ― 大山陽子
(志岐デザイン事務所)

●
落丁・乱丁本はお取り替えいたします。
2018 Printed in Japan
ISBN 978-4-526-07874-3 C3034

●著者略歴

山﨑 弘郎(やまさき・ひろお)

1932年、東京生まれ。東京大学工学部応用物理学科卒。横河電機(株)入社、工業計測用センサの研究開発に従事。
1975年 東京大学教授就任、計測工学、センサ工学、信号処理の研究と教育に従事。
1993年 定年退官、同年 横河電機(株)常務取締役、1995年(株)横河総合研究所取締役会長を歴任。

東京大学名誉教授、工学博士。
1989年度 計測自動制御学会会長、1996年 科学技術庁長官賞、1997年 紫綬褒章。
1997年～インドネシア国立バンドン工科大学テクニカルアドバイザー。

主な著書(センサ、計測関係)
『電気電子計測の基礎』電気学会(2005)
『センシングの基礎』シリーズ現代工学入門 岩波書店(2005)
『センサフュージョン―実世界の能動的理解と知的再構成―』(共編著)コロナ社(1992)
『センサ工学の基礎 第2版』オーム社(2014)
『センサ工学』(共編著)朝倉書店(1982)
『センサのはなし』日刊工業新聞社(1982)
『トコトンやさしいセンサの本 第2版』日刊工業新聞社(2014)
『計測技術の基礎』(共著)コロナ社(2009)
『渦流量計の創造』(共著)日本工業出版(2015)など
URL：http://homepage-hyamasaki.private.coocan.jp/